1980年代の中国テレビ文化に関する研究

Research on Chinese Television Culture in the 1980s

何天平　著

著者略歴

何天平

情報メディア学博士、社会学ポストドクター。現在、中国人民大学メディア学院准教授。中国人民大学および愛知大学でダブルディグリー（博士後期課程）を取得。研究テーマは視聴覚コミュニケーション、デジタルメディア文化、メディア社会学。近年、国内外の学術誌に60本以上の論文を発表。著書『見ることを超えて：現代大衆映画とテレビ文化の観察』など。中国の主要メディアで100本以上の解説やコラムを発表。

訳者

林　涛　集美大学外国語学院講師

梁新娟　集美大学外国語学院講師

目次

はじめに

今となっては、1980年代は「はるか昔の時代」であった。それは、現在の中国社会が「経済建設を中心とする」ことを全面的に実施していることと比較すると分かる。なぜなら、1980年代は、改革開放の潮流に乗ったばかりで、社会事業の再建が必要であり、経済建設が社会的に最も優先されるべき時期だったにも関わらず、その後の社会の発展段階とは比較にならないほど、「文化中心」の社会的雰囲気が継続していた珍しい時代であったからである。80年代を通じて中国社会では、「文化とは何か」「文化はどうあるべきか」という議論が盛んに行われていた。そしてそれは、約40年前のことではあるが、現代の人々には想像もつかないことだろう。

現代中国の文化研究において、1980年代が重要な社会史的文脈であることは間違いない。中国の改革開放後、現代中国では「文化」というトピックが「エピフェノメノン（表象）」となっている。この「文化」の議論は、中国の近代化の歴史的過程から切り離された抽象的な議論ではなく、中国の近代化そのものこそ提起した重大な歴史問題、あるいは使命であった[1]。すなわち、この時点から、「文化」の意味は、そのすべての側面において、政治的·社会的な意味を持つようになった。中国文化と中国近代化の現実との関係を問うことは、今日の中国文化を論じる上での基本的な出発点であるべきだと考える[2]。

また、1980年代の中国の文化界は、文化大革命の「集団的沈黙」を経験し、泥沼化した社会の雰囲気の中で、文化生産の抑制が長期化した。さらに文

[1] 甘楊『八十年代文化意識（80年代の文化意識）』上海：上海人民出版社、2006年版、11頁。
[2] 甘楊『八十年代文化意識（80年代の文化意識）』上海：上海人民出版社、2006年版、12頁。

化表現の出口を模索する社会的風潮も高まり、大規模な文化討論や文化運動が行われるようになった。この改革開放がもたらした心の全面的な解放は、そのための十分な社会的基盤を提供した。そして、改革開放による知識人の復権は、「（中華人民共和国）建国以来、ほとんど見られなかった知的活動」をもたらし、1980年代には中国現代史に類を見ない一連の文化実践が行われるようになった。1980年代の文化的記憶は今や「はるか昔の美学」になってしまったが、この時代の文化意識の発見と探求は、今もなお続いているのである。また、1980年代半ばから後半にかけて中国で発生した「文化ブーム」、「美学ブーム」は、中国社会・文化の特殊な様相を形成し、多くの学術的な議論の中で五・四運動以来のもっとも大規模で文化的な再考運動とみなされている[1]。「中国文化はどこに根ざし、誰のためにあり、どこに向かうか」といった問題は、現段階では完全に解明されたとは言えないが、少なくとも綿密な対話は完了し、そしてそれは、中国の歴史と文化意識の進化の重要な一端を担っていると言える。

文化とは、社会をそのまま切り取ったものであり、さらに言えば、歴史と人々が一緒になって作り上げるものである。1980年代の数ある文化の中で、「テレビ文化」は、比較的特殊な存在である。何故なら、テレビは、第二次世界大戦以降で、人類の文明に最も広範囲かつ持続的で深い影響を与え、さらに、社会文化的想像力を豊かにする映像に特化したマスメディアであったからである。そしてそれは、大衆の日常生活に深く埋め込まれ、人々のアイデンティティを形成する文化的な「型」を構成してきた。特に、1980年代の中国テレビ文化の隆盛は、中国のエリート言説と知識人・文化人の関心事を色濃く反映し、1980年代の社会と文化の独特な質感を出しながらも、文学や他の文化様式とは異なる文化的含意を持ち、独自の価値を示している。

---

[1] 甘楊『八十年代文化意識（80年代の文化意識）』上海：上海人民出版社、2006年版、3頁。

一方で、1980 年代から本格化したテレビ文化は、新しい生活秩序や価値観を生み出し、徐々に人々にそれを適応させ、文化や社会の交流の距離を縮めるという重要な役割を担ってきた[1]。また、文化の「容器」として、テレビは、人類社会で何千年にもわたって培われてきた詩的、美的、さらには哲学的な伝統を破壊し、再構築することで、最終的には人類史の反復の中で極めて特異な「テレビ世代」を形成してきたのだ[2]。20 世紀の米国における「ベビーブーマー」と同様に、中国社会におけるテレビの発展とともに育った人々は、テレビでの独占的な視聴や美的対象、テレビの普及によって形成された主流の価値観、テレビに触発された考え方、テレビ文化の影響を受けた精神世界など、テレビ文化の一般的影響下の集団としての特徴を刷り込まれているのである。それはすべて、1980 年代にテレビが登場した時代背景と密接に関係している。当時の素朴さや、熱狂、理想主義と同様に、この時期に大衆に浸透し始めた中国のテレビ文化は、同じような様態を持っており、それゆえに不確実性と可能性に満ちているのである。

中国のテレビ産業は 1950 年代後半に誕生し、時期的には世界のテレビ産業の勃興とほぼ同時期に栄えたが、当時の中国のテレビは、世界のテレビの潮流の実質的な構成に含まれるには程遠いのが実情であった。それは、1950 年代から 60 年代にかけて欧米のテレビ産業が急成長したのとは対照的に、中国のテレビ産業は誕生してから 20 年間、社会的な整備が不十分であり[3]、市民生活の中にほとんど姿を現さず、改革開放後になってから

[1] 周可「電視文化与現代人的社会心態—対電視作為一種文化現象的批判（テレビ文化と現代人の社会心理—文化現象としてのテレビに対する批判）」『文芸評論』第 5 号、1989 年。

[2] 常江『中国電視史（1958-2008）（中国テレビ史（1958-2008））』北京：北京大学出版社、2018 年版、1 頁。

[3] 周勇、何天平「作為一種社會語境的中国電視：歴史演進與現實抉擇（社会的文脈としての中国のテレビ：歴史的変遷と現実的選択）」『当代伝播』第 5 号、2020 年。

ようやく本格的に発展することになったためである。そのような経緯もあり、中国のテレビ文化の軌跡において、「1980年代」はユニークな社会状況を生み出したのだ。それは、中国のテレビ文化の本当の始まりであり、また一方で、この時代の複雑で特殊な社会構造によって、理想主義と熱狂に満ちた社会的雰囲気が醸成されたものであった。すなわち、文化大革命がもたらした思想と文明の破壊とトラウマの問題を「解きほぐす」ためであれ、改革開放という新しい息吹が中国主流社会の文化生産に全面的に「介入する」ためであれ、全体的に比較的ゆったりとした文化環境が求められることで、「文化復興への兆し」が見られたのである[1]。このような背景から、「新話劇[2]」、「傷痕文学[3]」、「朦朧詩（Misty Poets）[4]」が流行し、挙って歴史を振り返る雰囲気の中で、美、自由、理想主義といった個人の思想が中華人民共和国建国後以来最大限に解き放たれ、発展していった。その結果、この時期に本格的に普及するようになったテレビは、重要な文化領域を構成することになった。文学、演劇、映画などのエリート文化とは異なり、テレビはその誕生以来、歴然とした大衆文化のアイデンティティを刷り込まれてきたが、1980年代の雰囲気の影響を受けて、より複雑で柔軟な解釈が必要な文化領域となっている。 また、「テレビ文化」という現象の出現は前代未聞であったため、中国のテレビ史において特殊な歴史的段階を示すものとなった。テレビ文化は、すべてを網羅するエリート文化でもなければ、完全な消費文化でもない中で、文化のアイデンティテ

[1] 祁林『電視文化的觀念（テレビ文化という概念）』上海：復旦大学出版社、2006年版、91頁。

[2] 話劇とは中国現代の新劇。京劇など歌を主とする古典劇に対して，話し言葉によるところからいう。（翻訳者注）

[3] 中国で1977年から1979年ごろにかけて書かれた、文化大革命の悲惨さを描く一連の文学作品。盧新華の「傷痕」に基づく名称。劉心武の「班主任」などがある。（翻訳者注）

[4] 80年代に入ると，新中国成立以後，事実上タブーであった人道主義や愛をテーマに，現実を鋭くえぐった〈新写実主義〉と呼ばれる作品が張潔，諶容，白樺，戴厚英などによって書かれた。詩の分野では〈朦朧詩〉と呼ばれる前衛詩の試みがなされた。（翻訳者注）

ィを模索しながら、この時代のテレビ文化の複雑な様相を独自に作り出したのである。したがって、1980年代の中国のテレビ文化の問題に注目することは、当時の文化概念と意識を理解するための重要な手がかりを提供するだけでなく、文化研究の重要な部分を形成し、学術的に注目されるべきことに値すると言えるのだ。

第1章　1980年代の文化意識と中国テレビ産業勃興の社会的土壌

「改革開放」は新中国の歴史にとって大きな意義を持つことは間違いなく、社会のあらゆる変化は改革開放政策がもたらした一連の深い効果と密接に結びついており、思想史において1980年代の重要性を薄めることは困難だと思われる。

「新しい時代」という意味合いは、実際にはより複雑で深い社会構造の中に組み込まれており、単に時間的な意味で一つの社会段階の終わりと別の段階の出現を示すものではないことに注意することが重要である。したがって、「80年代」は、「五四」運動が1915年5月4日を具体的に指しているわけではないのと同様に、単に記号化されたものではなく、1980年から1989年までの10年間のことを、さし示しているだけではないのである。また、本稿の文脈では、「新しい時代」の言説実践は、実際には、文化大革命の終結から1990年以前までの10年以上の期間を包含している。これは、特定の歴史的時代の文化的再現を意味するだけでなく、現代思想史における特定の時代を示すものでもある[1]。「新しい時代」の言説は、「近代化が緊急に必要とされる時期に、近代性の批判を導入する」[2]という決定的な推進力をもって、1980年代の文化意識を形成した。このように、80年代の文化的DNAは、常に「モダニティ」という一つのキーワードと密接に結びついているのである。例えば、東洋と西洋、漢文と現代文、旧研究

[1] 王学典『懐念八十年代（80年代へのノスタルジア）』広東：広東人民出版社、2015年版、85頁。

[2] 甘陽『古今中西之争（古代世界における東洋と西洋の論争）』北京：生活読書新知三聯書店、2006年、1頁。

と新研究の論争は、歴史への反省と近代化への展望との間の極めて激しい文化的闘争を指し、中国の近代化過程の紆余曲折を提示している。これらはすべて、文化大革命の弾圧の10年が終わり、新しい時代の幕開けとなる1980年代に検証されたものであり、これには「文化の力」が重要な役割を果たした。すなわち、知的な孤立と停滞の「10年」を経て、文化的主体の再構築と国家の文化政策の自由化とともに、歴史への反省と文化復興の合理化の流れの中で、個人の自由の概念が建国以来最も大きく発展することになったのだ。思想解放の社会的言説は、この時代の社会風景にかつてないほどの影響を与え、形成したため、特に1980年代は、五四新文化運動と暗黙のうちに、あるいは明示的に結びついて想像力や変革に富んだ新しい近代史になったのだ[1]。こうした時代背景から、1980年代は「文化」をキーワードとする時代として抽出されることが多く、その最大の特徴は、1980年代半ば以降に大きな影響を与えた「文化ブーム」であった。

「文化ブーム」は、思想の解放、時代の変化、学術の発展が重なり合った歴史的成果であり、中国の知識人・文化人が「文化大革命の悲劇」の深い原因を探る必要に迫られている中、中国や西洋のさまざまな「理論」や「イズム」を駆使して、中国現代史、ひいては中国の歴史と文化を解釈し、今後の近代化に向けて合理的な選択をしようとする試みである[2]。そして、文化大革命の靄から抜け出した中国は、文化の荒廃によって、現代の社会構築における文化的次元で取り組むべき主要な理論的・実践的課題について、人々に再考を促している。すなわち、伝統文化をいかに正確に理解するのか、またどのように西洋文化を正確に把握するのか。真理の基準を模索する議論や、中国共産党の思想路線の修正、対外関係の段階的開放など、1980年代は文化の高度成長と繁栄の時

[1] 賀桂梅『“新啓蒙”知識档案—80年代中国文化研究（「新啓蒙」知的アーカイブ—80年代の中国文化研究）』北京：北京大学出版社、2010年版、17頁。

[2] 徐友漁「分化與流變—30年來的中国思想界（発散と流動—過去30年間の中国思想）」『南方週末』、2008年12月11日。

代を迎えたのだ。また、文化界もこれに迅速に対応し、文化大革命の検証・批判から、概念・思想レベルでの文化内省と哲学的考察に移行していった。同時に、この時期、中国で西洋の啓蒙主義作品が大量に流入し、中国の文化界が自ら「伝統」を読み直そうとする動きと相まって、文芸界は幅広い分野で全く新しい発展段階を迎えることになった。例えば、文学の分野では、反思文学[1]、ルーツ文学[2]、現代詩、絵画の分野では、美術新潮、映画の分野では、「第5世代の監督」が中心となり、テレビの分野では、名作のリメイク、テレビ文学の隆盛などが、1980年代の華々しい「文化ブーム」を支えていた。そしてそれは、その後の中国社会の歴史的方向性と文化の発展に大きな影響を与えることになったのだ。

このような社会的土壌の中で、中国のテレビ文化は世界のテレビ文化とは異なる形態と姿を作り上げてきたのである。実際、世界規模で見ると、テレビという文化は、文化産業としての地位、すなわち典型的な大衆文化として、何よりもまず認識されているのである。そして今や活況を呈しているインターネットなどのメディアよりも、テレビは、あらゆるマスメディアの中で、最も庶民的であることは間違いなく、更には最も広い範囲のユーザーにも普及している。多くの人々にとって、ここ数十年で、テレビと無関係な生活をしているとは言い難いだろう。また、テレビ世代にとって、テレビは価値観や倫理観、道徳観など曖昧なものしか輸出していないように見えるが、社会の基本的な概念を短期間に普及させるという重要な社会的役割を担っているのだ[3]。

コミュニケーションにおいて、ほとんど壁を持たないテレビは、「老若男女」に普遍的に届くという目標を達成し、さらに日常生活の細かいとこ

---

[1] 作家の「文化大革命」以前の歴史に対する回顧と再認識を反映する作品。（翻訳者注）

[2] 1970年代から80年代初めに中国に生まれた文学の流派で，伝統的文化の掘り起こしと原始的命題を追求することに重点を置く文学。（翻訳者注）

[3] 何天平『藏在中国電視劇裡的40年（中国テレビドラマに隠された40年）』杭州：浙江工商大学出版社、2018年版、1頁。

ろにまで浸透して、庶民的な考え方の最も重要な生産者、拡散者となっているのだ[1]。しかし、このような「コンセンサス」があっても、テレビ文化はあらゆるメディア文化の中で最も議論を呼び、疑問視されるものの一つでもある。特に欧米では、テレビの台頭と発展は、組立式で標準化された「文化産業」としての発展を伴ってきた。しかし、テレビが専門化すればするほど、大衆文化としての悪影響はより顕著になる。そこで、テレビ文化を「正しく評価する」試みは行われてきたが、テレビは「非主流的な声」にとどまっている。一般的に、西洋文化の主流はテレビ文化を侮蔑的な態度で見ており、「無責任」で「敵対的」な文化と見なす習慣さえある[2]。欧米のテレビ研究者が指摘したように、テレビ文化は罪深くて恥知らずな消費主義を助長するものでしかなく、左派は資本主義体制の陰謀とみなし、右派は趣味やスタイル、国家の権威を堕落させるものとみなしているのだ[3]。

このため、欧米のテレビ文化に関する既存の研究の多くは、より体系的な批判的言説が主流であり、多くの研究の中で、「文化」を構成しているかどうかさえ議論されてきた。このような状況は、中国のテレビ業界と比較すると、より特異なものである。中国のテレビの発展は、実は世界のテレビ産業の発展とは根本的に異なり、最初から望ましい目標に従って構築されてきたわけではない。1990年代の本格的な市場化の波が来る前まで、中国のテレビとその文化の形成、そしてテレビ文化に対する人々の認識や態度は、欧米に比べてはるかに複雑なものであったといえるだろう。この複雑な状況の中で、1980年代の中国のテレビは最も直観的に時代背景を投影したのであった。一方では、時代背景が作り出した特殊な文化環境が、

---

[1] 常江「20世紀80年代中国的精英話語与電視文化（1980年代の中国におけるエリート言説とテレビ文化）」『新聞春秋』1号、2016年。

[2] 代表的な見解、例えばJames Curran & Jean Seaton, Power without Responsibility: Press, Broadcasting and the Internet in Britain; Ralph Negrine, Television and the Press since 1945等。

[3] John Hartley, Uses of Television, London: Routledge, 1999, p.103.

右肩上がりにしかならない中国のテレビの発展に介入し、他方では、長い間低迷していた中国のテレビの躍進を求める意欲、情熱、プロ意識は、共にこの時代のテレビ産業隆盛の社会土壌を形成し、また中国のテレビ史上でも類を見ないテレビ文化の「栄光の瞬間」をもたらしたのである。

第2章　社会生活への進出：「テレビ」の象徴と「テレビ時間」の生産

ある視聴者は、1980年代に登場したテレビ文化について、「改革開放とともに、『テレビを見る』ということが中国人の生活の一部となる光景を誰が想像できただろうか。まずたいていの人は家に帰ると、『反射的に』テレビをつけて、友達を呼んで、一緒にテレビを見て、寝る前には、その日に見たテレビのエピソードを思い返し、明日のテレビのことを想像しながら眠りにつくのだ」と述べている[1]。

中国のテレビ産業は1950年代後半に誕生したが、実質的な発展を遂げたのは、改革開放後である。10年にわたる文化大革命の混乱とトラウマから、中国社会はあらゆる面で若返りを迫られており、テレビも例外ではなかった。第11期中央委員会第3回全体会議の開催により、中国は改革開放の新しい時代を迎えた。この背景には、中国のテレビが徐々に一般大衆に向けた本格的な動きを獲得してきたという転換期がある。また、1980年代の中国テレビの急速な発展は、中国テレビの最初の「黄金期」をもたらし、その後の30年間における前例のない発展のための重要な基礎を築いた。

このような背景から、中国のテレビ業界は限られた視聴者のため「よちよちと歩く」幼児期を脱し、真に国民の生活に配慮し、社会的・文化的意味の生産に参加し始めたことが、社会経済と文化の両レベルで明らかになり、かつてないほどの支援と改革努力がなされてきたことも確かである。直感的な変化は、電波技術やテレビ端末など、テレビの最も基本的なハードウェア（技術）の普及に反映されている。なお、「文化大革命」中に中

[1] 唐元愷『電視生活365天（365日のテレビ生活）』北京：外語出版社、2008年版、14頁。

国におけるテレビの発展が完全に行き詰まったわけではなく、少なくともテレビ放送網の全国構築には一定の成果があった。1976年当時、テレビの電波は人口の30%以上に届き、比較的に経済的豊かな人口密集地では、最高で半分以上のカバー率に達する地域もあった。しかし、電波のカバー率は高かったが、電波を受信するためのテレビの生産台数はそれに比べてはるかに少なかったのである。1976年の初めには、全国にテレビは46万3千台しかなく、1600人に1台の割合でテレビを所持していた[1]。すでに存在していた通信技術やテレビネットワークのカバー範囲が比較的大規模であったことと比較すると改革開放前の中国国民は、テレビというメディアが身近でなかったために、コミュニケーション技術、コミュニケーション端末として、認識することができなかったのが実情である。テレビの普及は、当時としては斬新だった映像メディアへの絶え間ない傾倒をもたらし、1980年代の文化の特徴を構成していた。そして当時の人々は、コミュニケーション手段としてのテレビというよりも、テレビメディアそのものを重要視していた。また一方では、テレビの普及とともにテレビコンテンツに対する人々の期待は、かつてないほど高まっていた。この注目は、コンテンツの質そのものというよりも、改革開放によって社会生活全般が改善されたことに伴う、人々の内面における多くの期待が具体的に投影されているのだろう。

2.1 テレビを持つということはどういうことなのか

1960年代から1970年代にかけて、頻繁な政治運動と激動する政治環境が中国の軽工業の発展を長い間抑制し、白黒テレビの端末技術に多少の進歩はあったものの、自主研究開発への探求はなく、ましてやカラーテレビ

[1] 郭鎮之『中国電視史（中国テレビ史）』北京：中国人民大学出版社、1991年版、123頁

技術の躍進で自主研究開発を達成するまでもなく、当時はソフトの面、ハードの面ともに量産には程遠い状況だった。生産能力の低さも直接的にテレビの高値につながり、更には改革開放前夜でも、「牡丹」「崑崙」などの国産白黒テレビの価格は200－400元で売られていた。当時の経済状況から見ると北京や上海など大都市の一部の住民しか手が出せない価格であった。中国の大多数の人々、特に人口がより多かった農村部では、テレビのある生活は、想像を絶する贅沢なことだったのである。

テレビが買える経済力を持つ大都市でも、改革開放前のテレビ購入の過程は、多すぎず少なすぎずの計画経済の「僧多粥少（人が多いのに物が少なくて分けられない）」といった気まずい状況を反映したものであった。

> 当時、テレビを買うために必要だったテレビ購入券は、国民がこぞって買い求め、一躍人気商品となった。購入券が発売される前に、慎重に議論したうえで思想強化しようとする職場もあるほどだった。また、販売数以上の購入希望者がいれば、随時抽選をして解決していた[1]。

しかし、「テレビ購入券」をテレビと交換する熱狂は、テレビが「計画」の一部として反映させたが、その希少さは「計画」では解決できないのである。北京のような大都市でも、かつては「自分のテレビは自分で守る」というのが社会的な風潮になるほどだった。さらに希少なカラーテレビの輸入技術の国産化については、カラーテレビの国民消費が輸入に大きく依存していた1970年代から1980年代にかけての長期的なプロセスである。改革開放前の社会政治環境では「左翼」思想が輸出入貿易の発展を阻害しており、資本主義への傾斜と否定されていたために、カラーテレビの輸出入貿易はほとんど滞っていた。すなわち、裕福な家庭でもカラーテレビを手に入れるのは容易ではなく、政治的な制約もあったのだ。しかし、改革開放後に中国が家電製品の輸入の制約を緩めることで、この「閉鎖的」な

---

[1] 楊穠『北京電視史話（北京テレビ史）』北京：中国放送電視出版社、2012年版、53頁。

状況も、緩和されることになった。そして、中国との関係を正常化した日本は、この時期に松下、ソニー、東芝といったテレビメーカーを中国市場に導入した。1980年代前半、鄧小平の訪日の成果がさらに影響し、北京テレビ工場は日本の電機ブランド「松下」との提携を実現させ、カラーテレビの生産ラインの導入に成功し、輸入品より比較的安価な国産カラーテレビブランド「牡丹」からカラーテレビを発売することに成功した[1]。カラーテレビの社会的風景を切り開くほどではなかったが、中国人のカラーテレビへの憧れ、あるいは社会的地位の象徴としてカラーテレビを持ちたいという強い願望が根づいたのである。「輸入カラーテレビを買った人、海外から持ち帰った人は、必ず近所で話題になり、日本でのカラーテレビの発展が1980年代に大きな話題になった[2]」また、1980年代にはまだほとんどの人が白黒テレビしか持っておらず、一部の人しか持っていないカラーテレビが社会的なステータスになっていたことも、ポピュラーな社会現象であったと言えるだろう。「ステータス」のために、テレビカバーに分かりやすく「彩色電視（カラーテレビ）」の文字を刺繍する人も多かった[3]。田舎ではカラーテレビを見たいという願望が強く、白黒テレビにカラーセロファンを貼って「カラーテレビ風」に変身させることが流行るほどだった[4]。このような現象から、テレビという新しい家電に対して、富裕層のステータスを欲する国民の一面が垣間見えるのである。

1977年の中国のテレビ生産台数は年間20万台以下だったが、1981年に

---

1 常江『中国電視史（1958-2008）（中国テレビ史（1958-2008））』北京：北京大学出版社、2018年版、139頁。

2 楊穠『北京電視史話（北京テレビ史）』北京：中国放送電視出版社、2012年版、54頁。

3 ドキュメンタリー「映画『私と私の国』の優勝獲得」の撮影裏話（監督徐崢による）

4 騰訊ニュース：「電視普及40年，北方村民：83年為看帯“色”的，給屏幕貼彩膜（テレビの普及から40年、中国北部の村人たち：83年、「カラー」にするために、テレビ画面にカラーフィルムを貼る）」https://new.qq.com/omn/20191104/20191104A00PWD00.html.

は 300 万台に達し、そのうち約 6 万台がカラーテレビだったという数字がある。新しい生活様式は、既存の技術的かつ経済的環境の制約から、テレビをまだ見たことのない多くの人が抱いていた「テレビを持つ」という「遠い夢」を、次々と実現できるようになったのだ。

1978 年の第 11 期中央委員会第 3 回全体会議の開催という重要な歴史的節目が国民経済の再編と高度化を始動させ、同時に中国のテレビ産業の繁栄が社会生活進入するに普遍的な発展の道を見出した。そしてまず、テレビという端末機器の消費意欲と能力の高まりにそれが反映されることになったのである。データによれば、中国のテレビ視聴者の規模は 1978 年の 7800 万人から 1987 年には 6 億人にまで増加した[1]。この社会的保有台数の飛躍的な増加は、人々の暮らしの劇的な変化を視覚的に表現しているのだ。

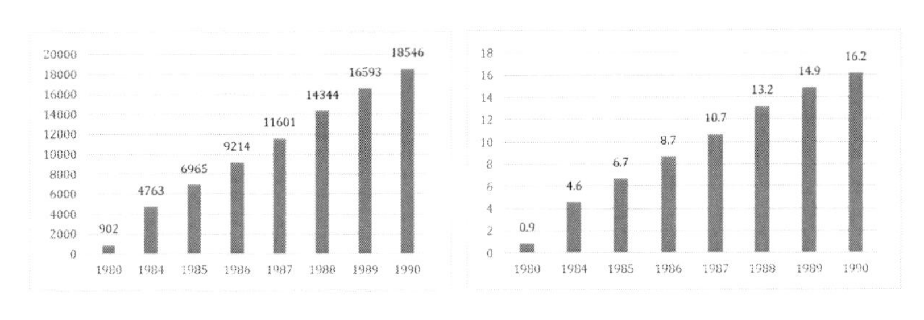

図 2.1 中国におけるテレビの社会的
保有台数（万台）、100 人当たりの平均保有台数（台）（1980-1990 年）[2]

図 2.1 に示すように、1980 年代を通じてテレビの普及率の上昇は顕著であった。1980 年代前半に 100 人あたり 1 台程度だったテレビの保有台数が、1980 年代末には 100 人あたり 16 台程度となり、端末技術の導入により、テレビの社会的影響力は着実に高まっていった。当時はまだカラーテレビ

[1] データ出典：『中国広播電視年鑑 1988（中国ラジオ・テレビ年鑑 1988）』37 頁。
[2] データ出典：『中国広播電視年鑑（中国ラジオ・テレビ年鑑）1986-1991』による。

は贅沢品だったが[1]、少なくとも白黒テレビのレベルでも、こうした社会的所有は地域の集団視聴を保証するのに十分であり、それが1980年代の「集まってテレビを見る」という独特の社会風景を生んだのである。1980年代前半に、日本では、このような中国社会の変化を見て、日本経済新聞の「中国のテレビ制作が活発化」という記事で、「中国大陸はテレビ端末の分野で日本の強力なライバルになろうとしている」と報じられたことがある。もちろん、テレビを数千世帯が所有するというビジョンを過去にないスピードで達成したとはいえ、全国民に普及するには、まだかなりの時間が必要であるため、端末普及率は20%以下（カラーテレビのみだとさらに低い数値）だった。これは国際水準に遠く及ばないばかりか、都市部と農村部での差は、より顕著であった。日本やアメリカなどでは、1980年代初頭にはすでに100人あたり20～60台以上の規模になっていた[2]。また、1986年の公式統計によると、100人あたりのテレビの社会的保有台数は平均8.7台で、内訳は農村部3.7台、都市部28.9台となっている。やはりテレビは、白黒であれカラーであれ、庶民には需要が高く高価であったため、その所有が社会的なアイデンティティやステータスの象徴であったということができるだろう。

ある意味で、1980年代のテレビの大衆化は、テレビというユニークなメディア文化を十分に理解する機会をもたらしたが、1990年代に入って消費経済とともに実現されたテレビの日常化に比べると、この時期のテレビはエリート文化の特徴が刻み込まれていた。このエリート主義的な色は、もちろん、黎明期の中国のテレビが一部の有力幹部やエリートにしか利用さ

[1] この状況が徐々に緩和されたのは、1984年以降、カラーテレビ現地化の「ワンストップ・プロジェクト」が実を結び、TCL、コンカ、チャンホンといった国産カラーテレビの有名ブランドが順調に立ち上がるようになってからである。

[2] 中国共産党中央委員会宣伝部・ラジオ映画テレビ部合同調査グループ：「不發達地區農村廣播電視調査綜合報告（過疎地農村ラジオ・テレビ調査総合報告）」『中国放送電視雑誌』1989年No.1。

れていなかった限定的な規模とは異なるが、消費文化に完全に浸かっていなかったテレビ業界こそ、先天性欠陥を補うべき社会発展の過程に巻き込まれ、メディア機能の成熟を前に、特徴的な社会機能の輪郭を率先して描いていたのである。1980年代のエリート言説はテレビ文化に影響を与え、独自のテレビ文化を形成し、その結果、欧米とは異なる視聴者との関係を構築したのである[1]。欧米がテレビを通じて豊富な視聴コンテンツを継続的に生み出すことで、視聴者とつながっているのとは対照的に、中国のテレビが大衆にアピールするのは、視聴コンテンツではなく、テレビ本体そのものであり、この状況は1980年代を通じて変わることはなかった。

中国では、1960年代から70年代にかけて、当時の人々の生活水準を象徴する4つの生活用品であった、ラジオ、自転車、ミシン、時計から、「四種の神器」や「三転一響（三つの回転するものと一つの音が出るもの）」という言葉が流行語となった。前述の「四種の神器」は、当時は人生の目標であり、結婚するための前提条件とも受け取られていた。「四種の神器がなければ、あなたとは結婚しない」と交際している男性に断言する女性もいたほどであった[2]。モノからヒトへ、社会生活における「四種の神器」の鏡像は、時代の根底にある物語を反映し、その変化はまた、社会的・文化的変化の特定の軌跡を象徴している。1980年代、テレビ購入券（テレビを購入するための整理券）の時代に栄えた「旧四種の神器」に代わって、白黒テレビ、冷蔵庫、洗濯機、テープレコーダーの「新四種の神器」が徐々に台頭し、改革開放後の人々の生活水準が全面的に向上したことを示した。新聞・雑誌の時代から、ラジオ時代、テレビ時代へと、オーディオビジュアルメディアの革命は、各家庭の家庭生活を大いに豊かにし、向上させ、

---

1 常江「20世紀80年代中国的精英話語與電視文化（1980年代の中国におけるエリート言説とテレビ文化）」『新聞春秋』1号、2016年。

2 騰訊ニュース「“四大件”的変遷（『四種の神器』の変化）」QQ.com、https://new.qq.com/omn/20180920/20180920G033YY.html。

人々に8時間の労働以外のプライベートタイムに新しい余暇の形を与えたのだ。テレビ端末の変貌は、「四種の神器」の進化を加速させた。「白黒テレビも良いが、カラーテレビの魅力には勝てない。そして、本物のようなカラフルな世界を見たくないと思う人はいないだろう[1]。」このように、数年の間に「結納品」が白黒テレビからカラーテレビに変わったことは、社会の日常生活において、テレビという存在がいかに重要であるかを示している。生活水準を具現化した「神器」は、当然、誰にでも簡単に手に入るものではなかったが、あのブラウン管に込められた想像力と期待感が、より一層人々の購買意欲を掻き立てたのだ。そして、1980年代前半、ある視聴者は、このような日常の状況が引き起こすテレビへの「愛憎」を次のように表現していた。

> テレビを見るために、人々は節約してテレビを買う。まだ視聴者のニーズがすべて満たされていないため、ラジオやテレビの新聞を破ってテレビ局に送る人、テレビ局を役立たずと怒鳴る人、自分で工夫して機材を買い足す人……さまざまな人がいる。テレビ当局に重要視して、テレビが手の届かない存在にならないようにしてほしいものである[2]。

テレビがある裕福な家庭でも、テレビは特に大切にされ、家宝のように扱われることさえあった。「毛主席像」の下のテーブルに白黒テレビを置き、昼間は手刺繍のテレビカバーをかけ、夜になると仲間を集めてテレビをつけて一緒に見る人、テレビ画面の前に虫眼鏡を置いて9インチのテレビを大画面テレビにする人、伸縮アンテナの不具合による「ぼやけた画面」を手作りアンテナで改善しようとする人など、さまざまな人がいる。時折、屋根に登ってアンテナの向きを変える人もいて、路地裏には「まだか、ま

---

[1] 「老北京的“三転一響”（旧北京市の「三転一輪」）」捜狐.com、http://www.sohu.com/a/138295116_745765。

[2] 「電視與観衆（テレビと視聴者）」からの手紙：「觀眾的願望（視聴者の願い）」『大衆電視』第2号、1981年。

だか」という声が響くこともあった[1]。家庭生活におけるテレビの位置づけや家族生活の質への貢献、さらにそれに対する家庭生活の「融和」などは、すべて、人々がテレビを重要視していることへの反映である。下の文章から、当時テレビが希少で、湿気や不安定な電圧が原因で故障率の高かった地方では、「テレビ修理業」は尊敬され、ハイクラスな職業であったことが分かる。

> 母は、近所の人がテレビの修理をして欲しいと私の帰宅を待っているから、テレビを直す道具を持ってくるようにと手紙を書いてきた。家に帰ると、母が近所の人と話しているのが聞こえてきた。「お義姉さん、子供がテレビを修理することができるなんて、あなたは幸せ者だね。本当に自慢の甥っ子だわ。」「頼みに来るのが遅いよ。もう12軒待ちだよ。一番に来なきゃ。」
>
> 私の故郷では、来客時の食事で餃子をふるまうのが最も盛大なもてなしだった。半月以上、毎日テレビの修理に一軒一軒回り、その度に餃子を食べ、もう本当に食べたくないくらいだったが、せっかくご馳走してくれたので次で最後と無理して食べるほどだった。テレビを修理することができたので村人たちは私に感謝と尊敬の念を抱いて、名誉ある客人としてもてなしてくれたのだ[2]。

中国の白黒テレビの年間生産台数が100万台を突破した1979年から、1000万台を突破した1985年まで、また1979年に9000台以上だったカラーテレビの年間生産台数が1985年には300万台を超えるまで、改革開放によって中国のテレビ業界に吹き込まれた新しい風は、より多くの人々をテレビに触れさせ、テレビが日常生活に与える影響の度合いを映し出して

---

[1] 楊穓『北京電視史話（北京テレビ史）』北京：中国放送電視出版社、2012年版、53-54頁。

[2] 李海星「看電視・修理電視・拍電視—我的電視“機”縁（テレビを見る－テレビを修理する－テレビを撮る－私のテレビ縁）」『農業発展金融』第8号、2019年。

いる。1985年には、中国のテレビ生産能力は、アメリカ、日本に次いで世界第3位にまで躍進したが、それでもまだ社会のニーズを満たすことはできなかった。例えば「カラーテレビブーム」などは、依然として続いている一方で、テレビの発達とその所有欲も、80年代には内需を押し上げる重要な経済的役割を担っていた。関連統計（表2.1）によると、1985年のテレビの社会販売台数は2000万台を超え、売上高は153億円となり、通貨還流の面でも国の最重要商品の一つとなっている[1]。第6次5ヵ年計画期間中（1980－1985年）、テレビの社会的販売台数とシェアは年々大幅に増加し、日常消費財の小売シェアが拡大することで業界は徐々に赤字を黒字化し、強い社会経済的利益をもたらすようになり、改革開放後の新しい社会・経済情勢の重要な証となったのである。

表2.1 第6次5ヵ年計画期間中のテレビの社会的販売台数とシェアの統計[2]

単位：万台／億元

年間	数（万台）	前年度比±%	金額（億元）	前年度比±%	消費財小売売上高に占める金額の割合%
1980	304		20.8		1.12
1981	635	+74.45	31.92	+58.96	1.59
1982	751	+18.27	35.56	+10.78	1.62
1983	843	+12.25	38.98	+10.24	1.61
1984	1128.5	+33.87	72.55	+86.12	2.50
1985	2156.9	+91.13	152.67	+110.43	4.02
第6次5ヵ年計画期間中の合計	5514.4		331.48		

「テレビ購入ブーム」は、テレビの消費者としての自覚を国民が持つよ

[1] 張聡，陳美霞，白謙誠（広播電影電視部政策研究室広播電視研究処）「電視事業的發展與電視機工業的繁榮（テレビ事業の発展とテレビ産業の繁栄）」『中国放送電視雑誌』第1号、1988年。

[2] 出所：1988年広播電影電視部政策研究室広播電視研究処発表の調査報告書。

うになったことに伴う。1979年1月、上海テレビが率先して広告の募集を開始することを発表した。その結果、中国のテレビ史上初のテレビ広告「高麗人参とシナモンスティックの薬酒」が開始され、公的に承認された文書『上海電視台広告業務試行辦法（上海テレビ広告事業試行案）』『国内外広告收費試行標準（内外広告費用基準試行案）』と併せて、次のように規定された（表2.2参照）。

表2.2 上海電視台広告業務費用標準試行案[1]

カテゴリー	サブカテゴリー	料金
国内広告	放送料金（回）	30秒-100元；60秒-160元
	制作費	カラースライド一枚10-20元； カラーフィルム1分（40フィート）500元
海外・香港・マカオの広告	放送料金（回）	30秒-1700元；60秒-2000元
	制作費（分）	5000元

この歴史的な出来事は、テレビ広告ビジネスの出現がテレビのビジネス面に大きな影響を及ぼし、テレビ視聴者の注目を大きなビジネスに変えることができ、1990年代のテレビの市場化に新しい局面を切り開いた。上海テレビでこのCMが放送されると、国内外のテレビメディアと企業の注目も集めた。中国では、広東省、江蘇省、浙江省のテレビ局がテレビCMを開始し、海外メディアも追随して、一部の海外企業を誘致した[2]。これは、一般大衆がテレビ広告の消費に疑問を持ち、議論しながら、次第に慣れ、視聴者がテレビ広告に積極的に関与するようになるまでの全過程を伴うものであった。もちろん、テレビが黎明期であった1980年代は、視聴者は

---

1 『上海広播電視志』編集委員会編『上海広播電視誌』上海：上海社会科学院出版社、1999年、737頁。

2 『上海広播電視誌』編集委員会編『上海広播電視誌』上海：上海社会科学院出版社、1999年版、737頁。

テレビ広告の新しさに違和感を持ち、批判的かつ俯瞰的視線で見ていた。例えば、ドラマのシナリオに応じてテレビCMを入れるべきであり、挟み込まれたCMを否定的に指摘する視聴者がいる一方で[1]、テレビCMの機能を消費者の業界に対するポジティブな監督として正確に理解する視聴者の批判もあったことが以下の当時の視聴者からのコメントでわかる。

> 某歯磨き粉のCMで、男女が恋に落ちたが、口臭が気になるという理由だけで女が男を疎ましく思う。その後、二人は一緒に店に行き、その歯磨き粉を買ってはじめて「仲直り」をしたのだ……韆鼜を買うようなやり方。歯磨き粉の効果を疑うわけでもなく、メーカーの意図を否定するわけでもないが、口臭のせいで青年と疎遠な関係になるのはあまり上品とはいえない。効能の訴求だけでなく、精神性にも目を向けた広告を期待する[2]。

2.2 プライムタイムとはどういう意味なのか

「時間軸、時間枠の価値生成モデル」[3]に基づくテレビ資源の開発は、中国テレビ産業の進化の基本路線の一部を形成している。適時性の必要性と時間枠の価値を重視するテレビ・コミュニケーションの論理は、テレビ視聴者とテレビの間に規則的な「約束」のメカニズムを徐々に固定化させていったのである。また、文化的な観点から見ると、これは過去数十年にわたる中国の人々とテレビの相互作用から生まれた暗黙の安定した親密さであり、社会文化全体の変化に対して持続的な意味のある再生産能力を持っているのである。

---

[1] 「観衆園地（視聴者のコーナー）」からの手紙、「令人倒胃口的“廣告”（がっかりするような『広告』）」『大衆電視』第10号、1983年。

[2] 視聴者からの手紙の編集：CCTV 『電視週報』41号、1985年。

[3] 周勇、何天平、劉柏煊「由“時間”向“空間”的轉向：技術視野下中国電視傳播邏輯的嬗変（「時間」から「空間」への転換：技術的観点から見た中国のテレビコミュニケーション論理の変容）」『国際新聞界』第11号、2016年。

もちろん、このようなテレビコミュニケーションの社会的な仕組みは、突然出現したわけではなく、テレビ文化の実践やテレビと社会の相互作用の関係とともに徐々に発展してきたものである。テレビのチャンネル化や番組化のメカニズムが成熟して初めて、「時間の概念」が徐々に作りあげられていったのである。これは中国のテレビ文化の最初の20年間には反映されず、技術的な限界、コンセプトの後進性、人材不足の現実から、中国のテレビの初期を「無能」と評し、不安定なテレビ制作は「干上がった河川敷のように、番組の流れが保証されないため、切り捨てが常態化している」のだ[1]。マイクロ波によるテレビ伝送の容量が限られていたことと、コンテンツ制作の無秩序さや欠如が相まって、1980年代以前の中国のテレビはチャンネルメカニズムを明確にしておらず、テレビコミュニケーションにおける社会的影響力の構築には明らかな障壁となっていた。そして、改革開放の年である1978年にも、北京テレビはチャンネルが使えないという困った事態に直面し、河北省放送局の緊急調整によって初めて、河北省任丘市のテレビチャンネルの使用権を一時的に譲り受け、急場をしのぐことができたという。

そして、「時間の概念」が徐々に確立され、チャンネルメカニズムの原型が作られたのは、1980年代に入ってからのことである。また、1983年に開催された第11回全国ラジオ・テレビ会議では、ラジオとテレビの管理システムの改革を明確に提案し、テレビ局の運営活力の解放を促して、「テレビの四段階」という方針を打ち出した[2]。そして市場の活性化と同時に、地方のラジオ・テレビ事業者の積極性を大きく促したのだ。さらに、政治的、経済的な要因が重なり、当時のテレビ放送は大きな活力を得て、

---

[1] 孫玉勝『十年─従改変電視的語態開始（十年─テレビの言説を変えることから）』北京：人民文学出版社、2012年版、303頁。

[2] 『第十一次全国広播電視工作会議資料彙編（第11回全国ラジオ・テレビ会議の資料集）』を参照。

専門的な発展段階へと進んでいった。例えば、技術的な力の関与が強まっていることがプラス要因となり、衛星テレビ放送の新しい世界が徐々に広がってきたのである。また1985年頃にはほとんどの地方で地方マイクロ波フィーダーラインが整備され、中央と地方の間でマイクロ波による番組伝送が可能になり、全国テレビ放送の包括的なネットワークができたことなどがあげられる。テレビのカバー人口が大幅に増え、1986年には70%を超えた[1]。

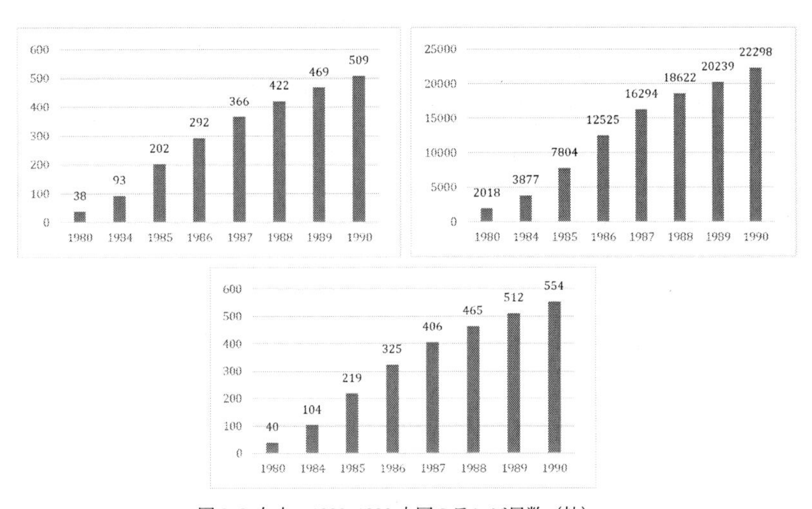

図2.2 左上：1980-1990 中国のテレビ局数（社）、
右上：1980-1990 中国のテレビ局の1週間の放送時間（時間）、
下：1980-1990 中国のテレビ番組数（本）[2]

図2.2に示すように、1983年の政策の好影響は1984年の重要な転機とその後の規模の急成長に繋がったため、1983年から1988年の5年間は中国のテレビ産業において最も成長の速い黄金期であったと指摘した学者もいる[1]。

[1] 張聡，陳美霞，白謙誠（広播映画電視部政策研究室広播映画研究処）「電視事業的發展與電視機工業的繁栄（テレビ事業の発展とテレビ産業の繁栄）」『中国広播電視雑誌』第1号、1988年。

[2] 出典：『中国広播電視年鑑（中国ラジオ・テレビ年鑑） 1986-1991』による。

このテレビの「時間概念」の確立によって、中国の人々もまた、テレビの時間を把握する概念を徐々に発展させていき、1980年代を通じて、まだ熟知したとはいえないが、強力な効果を発揮する生活文化の要素として無意識に内面化していったのである。また、中国のテレビが本格的に「チャンネル時代」に入る前の準備期間には、通常の視聴行動に基づいて視聴者の注目をより適切に集めるための「プライムタイム」という概念がまだ本格的に形成されていなかったが、中国の人々の中でテレビ視聴の習慣が日常化してきたことにより、次第に「プライムタイム」という概念が合意されるようになった。これは、欧米のテレビ産業の発展とは大きく異なる独特の社会文化的景観であり、さらには中国のテレビ番組の専門的制作が人々のテレビに対する理解に遅れているという歴史的理由によるものでもあるが、テレビが大衆生活の文化的論理を変容させ、さらには再編成した具体的な事例であることを促し、注目に値する社会文化的含意を反映しているといえる。

1980年代、「テレビ時間」は日常の一部となり、その中でも特に「プライムタイム」に大きな関心が集まった。これは、テレビの発展を期待したものであるのと同時に、テレビ文化が社会生活に与える影響を視覚的にフィードバックしたものであった。例えば、人々は日常的生活がそのテレビニュースのスケジューリングに影響を与えることで直接的にその改革を推し進めていた。例えば、CCTVの3つのニュース番組、『昼のニュース』、『ニュースセブン』、『夕方のニュース』のそれぞれの時間に対しての報道内容について、一部の視聴者から的を射たコメントがあった。「放映される順番からすれば、後に放映される番組の方が先に放映される番組よりも内容が新しいはずだ。しかし、『夕方のニュース』は『ニュースセブン』より前の内容であったりして、翌日の『昼のニュース』の内容さえ、前日の『ニュースセブン』より古いこともあった。」[1]。また、1980年代は更新の歴

[1] 趙玉明編『中国広播電視通史（中国ラジオ・テレビ総史）』北京：中国広播影視出版社、2014年版、337頁。

史の中で新しい局面を迎えたが、「歴史遺留問題」や人々の社会生活の古い慣習を取り除くにはプロセスが必要であり、急成長したテレビニュースはそのプロセスで重要な役割を果たした。テレビニュースは、多くの人々にとって新鮮であると同時に安全性をもたらすものであり、テレビニュースに接する機会が増えているとともに、その映像形態が生み出す真実感や権威感が強くなり、人々の日常的な情報源、心理的安定感を保つための重要な源となったのである。よって、1985年3月にCCTVの『夕方のニュース』が追加され、注目を集めたのは、こうした状況をそのまま反映したものであった。さらに、『夕方のニュース』をどの時間帯に放送するかについては、多くの視聴者が議論した。それは、テレビニュースを人々の生活のプライムタイムに組み込みたいという強い思いがあったからといえるだろう。

放送時間の非効率性を感じる視聴者もいた。『夕方のニュース』は22時台に放送され、他の番組との間に挟まれるため、他の番組の効果だけでなく、視聴者のニュースに対する興味にも影響が出る[2]。

放送時間を独立させるべきという視聴者の意見もある。『夕方のニュース』には国内外のニュースや知的な逸話があり、わずか10分の間に20件前後の最新情報を聞き、見ることができるのは喜ばしいことである。しかし、時間を決めて他の番組と並べるべきではない。3月1日にテレビシリーズ『古代の墓にまつわる謎』の3話と4話の間に挟んだために、このシリーズの品位が損なわれ、『夕方のニュース』が「広告ニュース」と誤解されることになったのだ[3]。

ほかの番組との間に放送されることを肯定的に捉える人もいた。今は、政治や国の問題にあまり関心がない人もいるので、適切な手段で、ちょ

[1] 視聴者からの手紙の編集：CCTV『電視週報』第45号、1985年。

[2] 同上。

[3] 視聴者からの手紙の編集：CCTV『電視週報』第12号、1985年

っとした「強制力」を使って「教化」することが必要なのだ[1]。

このように、視聴者の間でもプライムタイムに対して様々な意見や議論が交わされた。

一方で、1980 年代に海外の翻訳ドラマが中国大陸の市場に導入されるとともに、空前の反響を呼んだ非国内作品（例：日本の『赤い疑惑』、『君よ、憤怒の河を渉れ』、香港の『霍元甲』など）は、人々の余暇や娯楽に対する大衆テレビ文化の独自の価値をさらに喚起し、人々の「ドラマ三昧」もテレビの「プライムタイム」への関心をさらに集めるきっかけとなった。80 年代に大ヒットした中国ドラマ『四世同堂』は、放送の「黄金期」を捉えたことで、視聴者が語り合う「最高の思い出の瞬間」を生んだとされている。

かつて『赤い疑惑』や『霍元甲』がヒットした理由のひとつは、ベストなタイミングで放送されたことにある。視聴者が最も活動的で感動しやすい時間であり、翌日には「最高の思い出」を楽しむことができるのだ。かつて「プライムタイム」は香港や台湾、日本の番組に取られることが多く、視聴者からも問題視されていた。しかし、このプライムタイムにふさわしくない質の低いテレビ番組が多いのは、我々自身のせいでもあるのだ。ドラマ『四世同堂』6 ～ 11 話の放送時間は基本的に 19:45 ～ 19:55 に固定され、20:00 以降に放送されたのも 2 日間だけだったので、プライムタイムを、上手くとらえてヒットさせたのである[2]。

テレビの「プライムタイム」の社会的効果は、当時の中国社会文化がテレビの文化的構築に対する素朴で意識的な反応を正確に再現したものであり、特定の社会段階におけるテレビのメディア体験と実践に基づく日常文化の構築への重要な手がかりである。 また、テレビ番組の全体的な番組

---

[1] 視聴者からの手紙の編集：CCTV『電視週報』第 50 号、1985 年。

[2] 視聴者からの手紙の編集：CCTV『電視週報』第 41 号、1985 年。

戦略に対して、人々がテレビを見るのに理想的な時間帯である「プライムタイム」（仕事帰り、夕食後など）に注目することを主張する視聴者も多い。1980年代、夕食後のひとときをクイズ番組ばかりになった際には、一部の視聴者がテレビ局に「もうクイズ番組は飽きた。別のコンテンツに『プライムタイム』を譲ってくれ！」[1]と訴えたという。

この段階ではまだメディアの機能的特性を反映した「プライムタイム」の概念は生まれていなかったが、民間の言説と人生経験を組み合わせて考え出された「プライムタイム」の概念は、すでにその後、中国のテレビが市場志向の運営に徐々に成熟する中で生まれた「プライムタイム」の強力な先駆けであると見なすことができるだろう。また、都市と農村のテレビ保有格差が大きかった1980年代、このコンセプトは格差を埋める稀有な社会的コンセンサスでもあったのである。興味深い例として、中国の農村部の視聴者は一般に「サマータイム」[2]の間、夏時間に合わせて時計を1時間早めたために夕方のテレビの「プライムタイム」を逃してしまうことや、さらに、『ニュースセブン』のような夜のニュース番組を19:30や20:00に放送してはどうかという意見も出された[3]。

2.3 物質的なものから概念的な実践へ：新しい生活と文化のモデル

1980年代前半、「方向の再度転換」を経て、さまざまな社会事業の展開が再確立されたが、このプロセスは一朝一夕に達成できるものではなく、新旧の変化は、人々の日常生活に関わるさまざまな問題、特に「バスに乗

---

[1] 『中国広播電視年鑑（中国ラジオ・テレビ年鑑）1989』を参照。

[2] サマータイムとは、日の出の早い夏場に時計を人為的に1時間早めることで、光資源の有効活用と照明の節電のために照明の量を減らし、農作業の時間を長くすること。中国では1986年から1991年までサマータイムが断続的に実施されていた。

[3] 「CCTV視聴者からの手紙の概要」『中国広播電視年鑑（中国ラジオ・テレビ年鑑）1988』439-442頁の参照。

りにくい」「保育所に入れない」「就職できない」といったような社会問題を生んでしまったのだ。また、テレビを見ることの難しさも、より顕著な社会的状況のひとつである。すなわち、テレビを見たいという視聴者の欲求や熱意があるにもかかわらず、テレビが限られた台数しかなく、テレビで取り上げられる番組が限られるという大きな緊張関係がある。この現実とのギャップを解決するためには、まずテレビの物理的な面、すなわち、技術の導入と生産の拡大、さらには、資金調達、設備技術の向上、電波輸送システムの構築などに取り組まなければならない。北京や上海などの大都市では比較的容易に実現できた。例えば、北京では1980年代前半に放送設備の移管と録画設備の充実により、電子管設備からトランジスタ設備、白黒テレビ放送からカラーテレビ放送への移行が完了し、テレビ放送の故障が多いという問題が最初に解決された[1]。よって、北京市民の「テレビ視聴難」という問題は、物理的なレベルでも技術的なレベルでも解消されたのだ。しかし、他の大多数の地域については、資金、意識、手段の後進性から、このような対応やフォローが難しく、1980年代を通じて、その物質的な発展を促進するプロセスが行われた。特に、比較的孤立した僻地の農村や山村、少数民族地域では、当時のテレビ電波輸送技術の距離や効率が非常に限られていたため、「テレビが見られない」「テレビがきれいに映らない」という問題の解決は、社会基盤整備のためのシステム再構築として具現化されたものだった。比較的広範囲に電波が届く都市部とは異なり、郊外やさらに遠くまで電波を届けるには、中継局やタワーをいくつも建てて、多重送信を行わなければならないのだ。より整備の遅れた農村部や山村、少数民族地域はもちろんのこと、北京近郊でさえも状況が大きく改善されたのは、1984年の「テレビチャンネル四級制[2]」の実施後である。

---

1 楊穠『北京電視史話（北京テレビ史）』北京：中国放送電視出版社、2012年版、65頁。

2 中央、省、市、県の四つのレベルの行政にテレビチャンネルを開設する権限を与える制度のことである。（翻訳者注）

同じように、1980年代後半に起こった社会的な変化も重要である。当時、公的機関が国内の主要地方都市の視聴者を対象に行った調査の主な結論は、テレビの購入は一般的に家庭の文化娯楽施設に対する永久的な投資と見なされ、「必須」とされたことであった。経済状況の緩やかな改善や精神的なゆとりの追求とともに、テレビ購入の傾向として、「カラーテレビ志向」「18インチ以上の大画面テレビ志向」の2つが一般的になっていった。さらには、地方の裕福な家庭では、「一家に何台もある」という現象さえあった[1]。テレビは社会生活において、生活リズムを決める強い存在となり、家屋の間取り図のレイアウト、そして親子関係にまで影響を与え、さらには、人々の日常のトピック、エンターテイメントの概念を左右し、周りの世界を見極める方法を変えたのだ[2]。そして、物質的なものから概念的なものへと移行する実践により、テレビ文化は1980年代、日常生活を形成する力と社会的な影響力において、わずか数年で飛躍的な進歩を遂げることができたのである。都市部以外の農村部では、テレビ文化の影響はさらに進んだ。異質な先進都市文化に象徴されるこの物質性は、農村の「新しい文化」「新しい生活」のモデルとなったのである[3]。テレビの参入とテレビ電波の送信によって、農村とその家族は都市から孤立した社会の島であることをやめ、「中心」と「主流」に大きく組み込まれ、主流社会の生活の一部となることが可能になったのである。

1980年代、テレビ文化が日常生活に与えた影響は、家族が自立した社会空間として発展するのとほぼ同時期であった。「共有」から「私的」へ、

[1] 王瑾、傅仲亮、張杭軍「正視電視文化現状，尊重観衆欣賞心理—電視観衆欣賞心理調査（テレビ文化の現状を直視し、視聴者の鑑賞心理を尊重する－テレビ視聴者の鑑賞心理に関する調査究）」、『大衆電視』第8号、1987年。

[2] ソニア・リビングストン『理解電視：受衆解読的心理学（テレビを知る—視聴者解釈の心理学）』龍耘訳、北京：新華社出版局、2006年版、7頁。

[3] 孫秋雲等「電視伝播與郷村村民日常生活方式的変革（テレビコミュニケーションと農村住民の日常生活の変化）」北京：人民出版社、2014年版、5頁。

この垂直的な社会空間の安定性を作り出し、維持するために、テレビの物質的な力が重要であることは明らかである。都市部の視点から見れば、家庭内でのテレビの配置[1]、一定時間ごとに電源を入れるという行為などが、その「定住」に対してより強固な社会的意味を構成した。農村部から見れば、都市化のプロセスが農村の人々に魅力を与えるため、社会構造の変化が「移動・移住」の流れでもあったと言える。テレビは当時、農村の家族にとってそれ自体が「定住」の感覚を構成するものではなかったかもしれないが、家族という概念の存続や移動する農村住民などに対して、定住の意味を精神的に説明するものだった。例えば、家族の食事にテレビが付き添うことや、出稼ぎ労働者は、狭い賃貸の部屋で日常生活の帰属意識を得るために「テレビを見る」ことに頼っている。テレビの文化的次元での価値が解放されたことで、メディアの機能を強化しつつ、解釈するに値する社会的価値が付加されるようになったといえる。

[1] 家庭におけるテレビの配置については、1980年代に視聴者の間で何度も議論された。例えば、都市部の視聴者の多くは、リビングルームの中央にテレビを置くことを習慣としており、テレビの位置を参考にリビングルームの家具やスタイルをコーディネートしている。また、家族の写真や賞状、貴重な絵画など、家族の大切なものと一緒にテレビを置くという意見もあった。

第3章　テレビ文化の形成：「テレビ鑑賞」とライフスタイル

80年代の視聴者にとって、以前から映画文化に触れていたこともあり、テレビという文化はまったく新しいものというわけではなかった。1950年代と1960年代の映画とテレビの「あいまいな」関係は、「映画とテレビの融合」という文化現象を持続させることに貢献してきた。この事情も、要するに、初期のテレビの誕生が映画産業と密接に結びついていたことに起因する。また、当時「手作り感が強い」中国のテレビは「ビジネス」を構成する立場にはなく、主要な機材は映画産業から流用し、手法も映画制作から学んだため、コンテンツ制作の特徴においてテレビと映画の高い類似性が反映されている。一方、中国のテレビは黎明期には毎日放送するほどのコンテンツ制作能力がなかったため、放送時間の3分の2近くが映画、3分の1がテレビ番組に分かれていた。

もう一つの特徴は、視聴シーンである。初期のテレビは、端末の希少性から共同体的な色彩が強く、テレビを集団で所有するという状態が長期間続いた。数少ないテレビは、文化センターや軍隊などの重要な機関に設置され、テレビは公開上映やチケット販売という流通形態で映画に近いものであった[1]。文化センターの元職員は、当時の「テレビを見る集会」を次のように振り返る。「入場するには0.05元のテレビ視聴券を買わなければならず、これは当時の卵数個分の値段に相当するものだった。しかし、テレビの大きさが9インチしかなく、人ごみで見づらくなるため、1回で40枚しか視聴券を配っていなかったが、その後、熱心な観客の声もあり、

[1] 常江『中国電視史（1958-2008）（中国テレビ史（1958-2008））』北京：北京大学出版社、2018年版、33頁。

60枚くらいに増やしたほど人気の集会だった[1]。」すなわち、映画とテレビは、視聴者にとって全く違うものだったのである。もちろん、テレビで放映される内容は、写真やドラマは別として、長編映画が中心であったため、テレビと映画の間には激しい客の奪い合いがあった。しかし、「市場」という概念がまだ確立されていなかったため、このような状況はまだ懸念されていなかったのだ。ただし、改革開放後の中国でテレビとドラマが復活し、急速に発展したことで、この潜在的な対立が表面化したことには注意が必要である。また、関連政策とイデオロギー的・文化的方向転換のもとで、テレビにおけるあらゆる種類の芸術的・文学的創造が花開く余地があった。自主制作番組の増加やかつてない規模のテレビドラマ制作が、テレビと映画の間の管理権限の分割とあいまって[2]、テレビは概して、映画とは異なる独立したメディアとして、映画の「従属」から自由に立ち上がり始めたのだった。

3.1 映画とテレビ、誰が誰に従属するのか

「テレビは映画の縮図」。このような概念的な理解は、長い間、人々の社会生活を支配してきた。映画との複雑な相互作用は、中国におけるテレビの社会的景観にも寄与している。そしてそれは、映画ビジネスから脱却して自らの主体性を見出しながら、独自の視聴シーンを開拓し、独特の生活シーンを構築してきたことに繋がるのである。「映画のテレビ」から「テレビの映画」への変化は、1980年代の中国のテレビにおける文化的変化の重要な文脈となった。

3.1.1「映画のテレビ」

[1] 張栄「那時候南京人看電視要買票（当時、南京人はテレビを見るためにテレビ視聴券を買わなければならなかった）」『現代快報』2009年11月16日号、A28版。

[2] テレビは中央放送局、映画は文化省の管理下に置かれる分割管理権である。

テレビは映画の「従属」として扱われてきた。これが黎明期の中国テレビの現実であり、長い間、そのようなステレオタイプが続いてきたのである。改革開放の初期においても、中国のテレビは映画への依存が明確であった。当時のテレビ局の主な放送は、まだ映画の上映や劇場での放映に大きく依存した内容だったのだ。特に1970年代末のテレビニュースの影響力がまだ育っていない時期には、テレビ局の番組時間は全体の3分の1以下であり、テレビは自前のニュースやタイムリーな報道も少ないことから、人々は別のメディアの利点を認識し始めた。それは、テレビがない時代に、チケットを買って映画館で映画を見た時と比べて、家で映画を見ることができるとなると、そのような手間が省けるという点が、かなり魅力的なことであったということである。「当時のテレビの主な機能はホームシアターであり、ニュースを見たり、TVU（放送大学）に行ったりすることは二の次だった……テレビ視聴者も時代とともにこの形式に慣れてきた。テレビがうまく機能しているかどうかは、そこに新しい映画や良いドラマが入っているかどうかで決まるのである。[1]」

3.1.2.「テレビで見る映画」

上記の状況は、海外の映画やテレビドラマの紹介に関する方針が緩和されたことにより、さらに強化された。1980年にCCTVがアメリカのテレビシリーズ『アトランティスから来た男』や『特攻ギャリソン・ゴリラ』を放映して以来、中国の視聴者はテレビシリーズ、特にエキゾチックな文化表現の魅力を感じるようになった。例えば、『アトランティスから来た男』の主人公マイクがかけていたサングラスは「マイクのメガネ」とまで呼ばれ、街で流行の若者のアクセサリーとなった[2]。また、『特攻ギャリソン・ゴリラ』の「放送中止騒動」も中国の視聴者の不満のきっかけとなり、

[1] 劉習良編『中国電視史（中国テレビ史）』北京：中国広播電視出版社、2007年版、158頁。
[2] 劉習良編『中国電視史（中国テレビ史）』北京：中国広播電視出版社、2007年版、166頁。

番組に手紙を書いたりするようになった。このような非ネイティブ文化からの物語的なインパクトが、テレビに対する好奇心を高めており、また、映画やドラマのスペシャル[1]を超えた「テレビの可能性」を垣間見ることができた。中国のテレビ関係者は、コミュニケーション形態としてのテレビのユニークな価値は、日常放送としての性質と連続したシリーズ番組にあることを徐々に理解していった。一方、1980年代前半の翻訳作品の大量導入により、海外の作品がテレビ画面に登場する頻度が高くなり、『ナラ』『キュリー夫人』『アンナ・カレーニナ』『ロビンソン・クルーソー』などの欧米作品が次々と中国のテレビに登場したことで、質の高いローカルテレビシリーズへの要請も強くなった。中国の劇作家である呉祖光は『ラジオ・テレビ』誌に寄せた手紙で、「私の人生で、最初から最後まで見てきたのは、こうした外国の連続ドラマばかりだ」と嘆いている。外国の名作は映画化すれば成功するのに、なぜ中国の作品では、成功しないのだろうか。この問題は、相当数の視聴者の注目を集め、1980年代に相次いで実現した中国四大古典文学作品をベースにした中国の優れたテレビシリーズが登場するきっかけとなった。

テレビというメディアが日常化したことで、「テレビ」と「映画」の間の隔たりは徐々に顕著になってきた。特に、映画産業はこの想像力の可能性を明確に認識しているし、そのための事例もあった。例えば、日本では、1960年代から1970年代にかけて、劇場に足を運んだ人が家に帰ってテレビを見るようになったため、映画観客の数が年間100億人から1億人に減少したのだ[2]。一方、中国のテレビ業界は、1979年から1980年にかけて「自分の足

---

[1] スペシャル版のドラマは特定の歴史的段階の産物であり、中国のテレビ時代の初期段階における一時的な形式とも考えられる。テレビがまだ独立した芸術形式を確立しておらず、演劇や映画の影響を受けていた時代には、長さを凝縮した単発のドラマが隆盛し、映画や演劇の代替番組とされることが多かった。通常、30分から2時間程度の数話で構成されていた。

[2] 1979年8月の「全国テレビ番組会議での同志李聯慶の演説」を参照。

で歩く」[1]という明確な道を歩み、一連の模索と実践を経て、1980年に中国初のテレビシリーズ『敵陣での18年』を制作し、1981年に放送を開始することになった。その後、テレビの普及とテレビ電波技術の成熟に伴い、人々のテレビ視聴はますます頻繁になり、人々は仕事の後や寝る前にテレビをつけ、テレビニュースだけでなく、多くのテレビシリーズやテレビ番組に触れ、独特の生活風景を構築していったのである。1982年の視聴者からの手紙には「家でテレビを見る人は、映画館ほど鑑賞に集中しなくてもいいし、家事をしながらでもドラマを見られる」[2]と、テレビ視聴に起因する生活シーンの変化について言及している。また、他の視聴者は、映画よりもテレビの方が魅力的であるという特徴にも、次のように言及した。

> かつては映画ファンだったが、今はテレビファン。それは、経済建設から田舎で実施される生産責任制度に至るまで、また、国内外の事件から姑・嫁の関係に至るまで、社会が関心のある様々な問題をタイムリーに素早く反映し、誰もが嫌悪感を抱くような犯罪者までもが、テレビ番組『新岸』に登場するなど、映画よりテレビシリーズの方がずっと魅力的だから[3]。

このような文化の流動性は、生産性の流動性にも反映されている。それは、1980年代に、テレビ業界の活躍の場が広がったことを反映して、テレビドラマに出演する映画俳優が非常に多くなったことだ。例えば、方青卓や張力維といった映画の大スターは、テレビ出演への移行に成功した。「方青卓が演じた呉秋香[4]は、中国北部の農村女性のイメージを極めたと言え

---

[1] 1980年10月の第10回全国放送工作会議で張香山が行った報告演説「堅持自己走路，発揮広播電視長処，更好地為実現四个現代化服務（自分の歩みを貫き、ラジオとテレビの長所を十分に発揮し、四つの近代化の実現により貢献する）」を参照。

[2] 「観衆園地（視聴者のコーナー）」からの手紙、「電視劇和誰是親家（TVシリーズ、そして義理の親は誰か）」『大衆電視』第11号、1982年。

[3] 「観衆園地（視聴者のコーナー）」からの手紙、「希望能重視電視劇質量（テレビドラマの質に注目してほしい）」『大衆テレビ』第4号、1982年。

[4] 1987年に中国で放映されたテレビドラマ『雪野（スノーワイルド）』の女性主人公。

る[1]」。あらゆる良質な資源が徐々にテレビ業界に集約され、テレビの社会的地位が映画よりも高くなったこともある。視聴者の中には、映画館や劇場に行くよりも、テレビで映画を見るほうが家族の雰囲気がとても良いと感じる人も多く、当時は映画がテレビの「下位」にやや位置しているとさえ言われていたのである。また、1987年に行われた調査によると、文化的欲求の第１位として映画を見るよりテレビを見ることを選んだ中国人が３割近くも多く、映画が「優勢」であった時代は終わりを告げた。農民の視聴者の中には、1980年代半ばから後半にかけて、映画（かつて映画鑑賞は、田舎では主要な集団レジャーの一つだった）を年間４本以下しか見なかったという報告もあり、この地域で大きな変化を表す代表的な状況であった。また、仕事から帰宅すると、特に他に用事がなければ必ずテレビの前に座っていたとの指摘もあった[2]。

3.2 テレビと儀式

1980年代のテレビ文化の急速な発展は、国家と民間の言論が一体となった結果であった。社会生活の具体的な文脈の中で、テレビ文化はしばしば新しい時代における集団主義を特徴づける。この集団主義的なメディアの使い方は、従来の物理的な空間をベースにした集合的な鑑賞とは異なり、精神的な意味での感情の集中や関係性の安定を重視した集団主義的な表現が特徴的であった。特に1982年以降、テレビは日常生活の文化として浸透し、徐々に都市部から地方へと普及し始めた。1983年初頭には、北京近郊の農村世帯のほとんどが白黒テレビを持ち、上海近郊の百世帯以上の

[1] 駱青原「銀幕不留屏幕留（映画に留まらず、テレビに留まる）」『大衆電視』第６号、1987年。

[2] 王瑾、傅仲亮、張杭軍「正視電視文化現状，尊重観衆欣賞心理―電視観衆欣賞心理調査（テレビ文化の現状を直視し、視聴者の鑑賞心理を尊重する－テレビ視聴者の鑑賞心理に関する調査研究）」『大衆電視』第８号、1987年。

生産隊が百台近いテレビを購入し、また、内蒙古自治区包頭市の80世帯の公社が72台を購入し、さらには、新疆ウルムチ自治区では4世帯につき平均1台のテレビが購入していたというデータがある[1]。これは、1980年代のテレビ文化が、最初に都市の特徴を表現する社会文化から、普遍的な意義を持つ大衆文化へと徐々に変容していったことを意味している[2]。テレビが広範かつ包括的に文化的記述を行うとともに、テレビが生み出す数々の「儀式」がかつてない社会的影響力を持つようになったが、同時に「テレビを見る」という行為そのものが、徐々に集合的記憶記述の一部へと変化していく儀式の過程もあった。

3.2.1. 儀式としてのテレビ

催事の「テレビ放送化」は、中国のテレビ文化が主流化に向かう中で、その文化的な特徴を強く示す重要な手がかりであり、テレビが「メディア・イベント」において重要な力を持っていることは間違いないだろう。政治分野では、1987年に開催された第13回党大会が、中国共産党史上初めて生のテレビ中継が行われた。北京で行われた調査によると、88%の視聴者が大会の開会式を見ていたという。視聴者は、これまでほとんど見られなかった中国共産党や政府の指導者との質疑応答に、「これまでの枠を破り、国への帰属意識を強めるとともに、テレビ局の改革への寛容さと客観的な姿勢を持つ精神を反映した[3]」と好反応を示した。1980年代のテレビ催事放送の代表的な例として、「春節連歓ガーラ」がある。1983年に誕生した現代の「春節連歓ガーラ」は、国民の共同体精神を形成し始めた重要な儀礼文化の行事である。1983年のテレビ春節連歓ガーラは、改革開放によってテレビ業界に注入された活力を十分に発揮し、生放送、視聴者オン

---

[1] 林泓「我国進入電視機時代（中国はテレビの時代に入った）」『大衆電視』第1号、1983年。

[2] 常江『中国電視史（1958-2008）（中国テレビ史（1958-2008））』北京：北京大学出版社、2018年版、201頁。

[3] 『中国広播電視年鑑1988』439-442頁の「CCTV視聴者からの手紙の概要」を参照。

デマンド、カフェテリア式祝賀会などの特色があり、視聴者から大きな賞賛を得たのだ。また当時のマスコミは、「春節連歓ガーラが始まると、街中で爆竹が鳴り始め、しばらくすると次第におさまり、また連歓が終わる頃に再びいたるところで爆竹が鳴り始めた。みんなテレビで連歓を見ているのでしょう。」という多くの視聴者の記憶の始まりを映し出していた。また、現在では、大晦日に「餃子を食べる」、「爆竹を鳴らす」と同じように、「春節連歓ガーラを見る」ことが風物詩になっている。真夜中過ぎに『難忘今宵（今夜を忘れずに）』という曲を聴かなければ、あまり年越し気分が味わえないだろう」というコメントがあった[1]。

テレビ春節連歓ガーラの成功は、他のメディアとは異なるテレビ文化の魅力を示した。当時のCCTV副局長の洪民生氏は、テレビ芸術文化における「視聴者が認める従来型」の革新と評し、その後、テレビ春節連歓ガーラの一般参観の人気は年々高まっている。1983年の春節連歓ガーラのチーフディレクターである黄一鶴氏は、1980年代の全盛期をこう振り返る。「ホットラインは４つしかなく、放送が終わるまで、視聴者は電話のケーブル配線が煙るほど電話をかけ続け、それでもテレビ局に電話をかける視聴者の熱気は収まらず、しばらくして配線が燃えていることに気づき電話局に連絡しても解決できなかったので、ついには消防隊に報告し、消防設備まで置いてもらったこともあったほどだった[2]。」

翌年、２回目の春節連歓ガーラのテレビ放送では、香港人歌手張明敏と

[1] 李怡、修新羽、蒋肖斌「春晩開創者黄一鶴去世，当年熱線電話被打到冒烟来了消防隊（春節ガーラの先駆者・黄一鶴が死去、電話殺到のため設備煙上がり、消防沙汰）」中国青年報オンライン、2019年４月９日。
http://shareapp.cyol.com/cmsfile/News/201904/09/share204915.html?t=1554760989。

[2] 李怡、修新羽、蒋肖斌「春晩開創者黄一鶴去世，当年熱線電話被打到冒烟来了消防隊（春節ガーラの先駆者・黄一鶴が死去、消電話殺到のため設備煙上がり、消防沙汰）」
中国青年報オンライン、2019年４月９日、
http://shareapp.cyol.com/cmsfile/News/201904/09/share204915.html?t=1554760989。

台湾人司会者黄益騰がステージに立った。張明敏が歌った『私の中華心』は瞬く間にヒットし、全国で広く親しまれるようになり、1980年代の春節連歓ガーラにおける愛国心を表す重要な文化的シンボルとなった。また、この年以降、香港、マカオ、台湾のアーティスト出演が春節連歓ガーラの定番となり、祖国の統一と精神的核心の民族共同体の意識を象徴するようになった。春節連歓ガーラは、さまざまな理由で不調と批判された1985年の1回を除き、かつてないほどの社会的反響を呼んだ。テレビの春節連歓ガーラは、通常の番組形式として特定のお祝いの意義に組み込まれ、次第に人々の日常生活の中に溶け込んでいった。春節連歓ガーラは、テレビでの催事放送の文化的実践であると同時に、国家儀礼に関する重要な社会文化であるとも言えるのである。

3.2.2. 儀式としての「テレビ鑑賞」

それに応じて、大晦日に「春節連歓ガーラを見る」という新しいフォークロアのような変化も、社会的儀式としてのテレビ文化そのものの性格を構成するようになったのである。テレビの儀式から儀式としての「テレビ鑑賞」へ、その実態は1980年代の中国のテレビ文化の発展に深く浸透し、テレビは国民が注目する数々の社会的事象の生活儀礼の中で重要な役割を担っていたのである。春節連歓ガーラのような比較的定期的なお祝いのほか、1980年代前半には中国女子バレーボールチームが優勝するなど重要な社会的イベントがあり、世界バレーボール選手権のテレビ中継は人々の日常生活の中に行事を伴う「特別の時間空間」を作り出していたのである。放送に参加したテレビ関係者の中には、中国女子バレーボールチームの感動的なシーンを、全国各地で数億人の視聴者がテレビで見たことで、国民に愛国心と民族の誇りを呼び起こしたと指摘する人もいた[1]。また、当時の女子バレーボールチームの優勝を中国の視聴者が見ていたことを次のよ

[1] 呉継堯「転播世界女排錦標賽的日日夜夜（世界女子バレーボール選手権大会の放送日の夜）」『大衆電視』第1号、1983年。

うに思う人もいた。

> 中国とアメリカの女子バレーボールチームの試合、中国と日本の女子バレーボールチームの試合は、何億人もの中国人の心に響いた。女子バレーボールチームの決勝戦が開始する頃、テレビの前には多くの人が集まり、球技など見たこともないようなおじいさんやおばあさんも、テレビ画面の前で夢中になっていた。この瞬間、テレビほどの効果を発揮する宣伝手段は他にないのではないかと思うほどだった。テレビの小さな画面の前で、前向きな人はさらに力をもらい、やけくそになる人は恥を感じ、迷う人は道を知り、テレビの力で人々の心がひとつになるのである。[1]

実際、1980年代のテレビスポーツ中継ブームは、「テレビを見る」ことが通過儀礼であり、当時のテレビ放送に付加価値を与えていた典型的なテレビ文化の証といえるだろう。前述の女子バレーボール大会の空前の社会的インパクトとその感動は、1980年代の国内外のスポーツイベントのテレビ中継でしばしば目にすることができた。また、テレビスポーツは、幅広い視聴者が熱中する番組のジャンルとなった。このテレビに対する情熱は、スポーツファン以外の多くの人にとって、必ずしもスポーツ競技やスポーツ精神に関するものではなかったとしても、誰と、どこで見るかという感情や心理によって、一種の特別な意味を生み出し、スポーツイベント視聴を巡る国民の記憶をより豊かなものにしたのである。例えば、1985年の春節連歓ガーラでは、姜昆と李金宝が演じた漫才『テレビ観賞』が社会的に非常に熱い反響を呼び、その後数十年にわたって春節連歓ガーラの名場面としてメディアの代表作となるまでになった。テレビのコンテンツの中でも、特に人気のあるスポーツイベントを見るという社会的・家族的な活動における時代背景、文化的な活力、そして大衆が与えた社会文化的な意味合いはこの漫才において明白である。作品の中で、姜昆は次のように言っ

[1] 「観衆園地（視聴者のコーナー）」からの手紙、「蛍屏給我們帯来的喜悦（テレビからの喜び）」『大衆電視』第2号、1982年。

ていた。

> 私の祖母は85歳ですが、彼女もボールに夢中です……テレビでバスケットボールの試合があり、祖母は小さな椅子を持ってきてテレビを見ている人の先頭に座り、それを見ながら子供たちと話せることに喜んでいました……(おばあちゃんはスポーツのルールを理解できなくても、子供たちとの会話には積極的に参加していました。)おばあちゃんは、「スポーツ、スポーツって、なんとなくわかるんですよ。いろんな大きさのボールを使って、いろんな人間が遊んでいるということです。例えば、大人には大きなボール、小さな子どもには小さなボール。大人たちはボールを持って、破れたネットのポケットに次々と投げ入れていきます。」……（ロサンゼルスオリンピックで中国とアメリカの女子バレーボールチームのプレーを見て、ちょうどイベントが盛り上がっていた）おばあちゃんは、また「しばらく私が咳をしている間、ゆっくり休むように言って、戻ってきたら再開させてください。」とも言っていましたね[1]。

この作品に登場する「おばあちゃん」の反応は、当時スポーツ中継を熱心に見ていた非スポーツファンのかなりの割合のリアルな心理を表しているのではないだろうか。 テレビスポーツの重要なダイナミズムに「集団視聴」がある。見るという行為、すなわち感情の旅を共有し、集合的な記憶を作り出すことは、多くの視聴者にとって日常生活における重要な儀式を意味するようになったのである。「新しいもの」が台頭してきたテレビについてはリアルに基づき、現実の空間と見間違うことさえある。また、当時はテレビというメディアの機能があまり理解されていなかったこともあり、「おばあちゃん」の「咳するから、試合はとりあえず休憩にいれる」の要望のようなおかしな状況がしばしばあったことも、メディアのリアル

---

[1] 出典：1985年CCTV春節祝賀会の映像をもとにした漫才「テレビを見る」（出演：蒋坤、李金宝）からの抜粋。
http://tv.cntv.cn/video/C13384/ff9f9c27518f41113fcfc8958cea949f。

さを示していた。このメディアの存在は、大多数の視聴者に十分アピールすることができた。

もちろん、集合的記憶の形成に対するテレビの介入の度合いをさらに検討する研究も多かった。テレビの儀式は、実際に生活の儀式にどの程度影響を及ぼしているのだろうか。代表的な反省意見として、1987年に映画評論家の先駆者である鍾惦棐が『大衆テレビ』に書いた解説がある。「確かにテレビは楽しいお祭り（旧正月など）に感動を与え、普段なかなか見ることのできないエンターテイメントを見ることができるが、全国の家族の絆の代わりにはならない。みんなが急いで夕食を食べ、椅子を用意してテレビの周りに座り、心を込めて作った手作りの料理も味わうことができなくなるのだ。[1]」これは、テレビ春節連歓ガーラの「新しいフォークロア」文化に対する比較的珍しい徹底した批評であるが、同時に、テレビ春節連歓ガーラ放送の集団的大衆文化イベントとしての魅力を示しており、このテレビ儀式に対する人々の最初の期待値を超えたということを明確にした。テレビ文化の日常的な実践は、儀式へと変化する過程で、より大きな想像力を解き放つのである。

3.3 テレビ文化が必要な理由

1986年に全国の主要都市の視聴者を対象に行われた調査（図3.1）では、テレビ視聴の目的は年齢層によって異なるが、主な要求は時事問題に関する情報や知識の増加であり、テレビ娯楽の価値が引き続き強調された1990年代以降とは異なる社会情勢であることが示された。

1980年代のテレビについては、上記のようなテレビ視聴の主目的が、主に「安心感」「サービス性」「審美性」という当時のテレビ文化の社会機

[1] 鍾惦棐「从春節聯歓節目説起（春節連歓ガーラからの提起）」『大衆電視』第2号、1987年。

能の構築を理解するのに役立つと思われる。

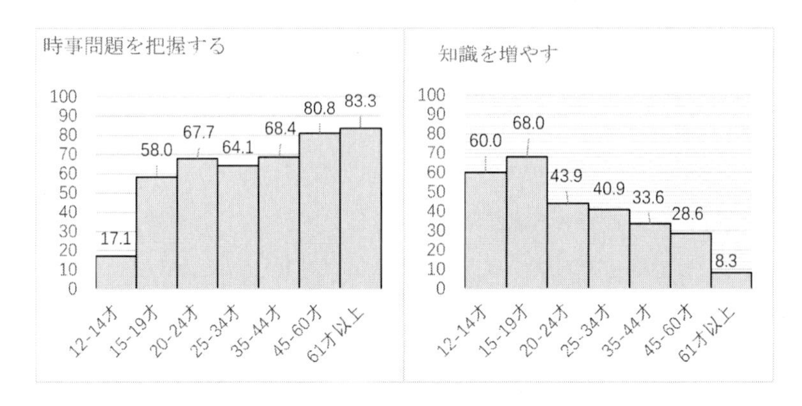

図3.1　中国におけるテレビ視聴の主目的とその世代間差異[1]

3.1.1. 安心感

情報・知能の面で視聴者に「安心感」を与えることは改革開放後中国のテレビがメディアとしてのイメージを確立するのに重要な要素である。新聞やラジオなどの伝統的なメディアに比べ、テレビはそのタイムリーさと映像性から、人々が信頼する生の情報源として徐々に重要視されるようになった。 1980年代後半のCCTVの視聴者意見統計によると、視聴者の手紙の中で批評やアドバイスの割合は減り続け、質問、医療相談、薬の依頼などは急激に増加した。このことは、情報を伝え、知性を伝えるというコミュニケーションメディアの主流としてのテレビの機能が、より多くの視聴者に認識されていることを示している[2]。

1980年代は、社会の激動期であり、あらゆるものがかつてないスピードで発展した、歴史上特別な時代であった。社会の変革がもたらした新しい

[1] CCTV編集長室視聴者連絡グループ「中央電視台全国28城市受衆抽様調査分析報告（全国28都市におけるCCTVの視聴者サンプル調査の分析報告）」『中国広播電視年鑑1987（中国ラジオ・テレビ年鑑1987）』、460-471頁。

[2] 『中国広播電視年鑑1988（中国ラジオ・テレビ年鑑1988）』439-442頁の「中央電視台観衆来信綜述（CCTV視聴者からの手紙の概要）」を参照。

姿は、確かに人々の日常生活をより良いものにすることに貢献した。しかし一方では、1980年代前半の情報発信の分野では、このような簡単で効果的な情報へのアクセスがなかったことは言うまでもないが、この変化を理解するために自分の経験を生かすことができず、個人を不安にさせることにも繋がる面もあった。この間、テレビの急速な普及は、有効なセキュリティ・メカニズムを提供したが、その最も代表的な影響はテレビニュースの分野で発揮された。1978年1月に『ニュースセブン』が正式にスタートし、中国のテレビニュース業界はまだ黎明期にあるなか、改革の道を歩み始めた。1989年の異常な歴史的事件による社会的混乱の中で『ニュースセブン』が果たした強力な役割については、当時関連世論工作のレビューにおいても述べられている。事件の鎮静化において、『ニュースセブン』は党と政府の報道官として、最も迅速に読者に届くチャンネルとなった。交通渋滞や混乱があった場合、新聞やラジオでは限界があるが、テレビは迅速に伝達する強みがある[1]。これに加えて、テレビは中国本土以外の香港、マカオ、台湾のニュースや国際的なニュースなど、新聞やラジオよりも有力な情報のインプットチャンネルとして機能している。例えば、ある視聴者がCCTVに次のようなことを書いた。

> 『ニュースセブン』はほぼ毎晩見ていて、特に国際ニュースのコーナーが楽しい。 今後の放送では、国際ニュースの比率を高めてほしい。時間が限られている場合は、『World Today』の表示回数を増やす……多くの若者は国際ニュースやWorld Todayを楽しんでいるが、ただ、あまりにも少なく、短すぎると感じているようだ[2]。

『ニュースセブン』で流れた台湾のニュースは、幹部や労働者の間に強い反響を呼んだ。「台湾のニュースを見るのが好きなんだ」と嬉

[1] 趙群「向新的高度跨越——一九八九年中央電視台節目一覧（新たな高みへの越境-1989年のCCTV番組一覧）」『大衆電視』第12号、1989年。

[2] CCTV『テレビ視聴者からの手紙集』第4号、1985年を参照。

しそうに話してくれた。台湾への理解、大陸と台湾とのつながり、若者同士の交流、台湾の社会風景や現在の制度、現地の習慣などについての知識が深まった[1]。

3.3.2. サービス性

テレビのサービス性が生まれたのは、1990年代に生活関連番組が台頭してからではなくそれより前だった。まず、1980年代のテレビ文化は、人々のニーズに何らかの形で応えていたが、それは社会的背景の劇的な変化と密接に関連していた。そして、改革開放後、社会の空気が澄み、政府と市民の対話がますます頻繁になった。国の出来事や社会の発展に対する一般の人々の関心に応えるため、政府はさまざまなメディアの力を借りて大衆を導き、発展・建設のシナジーを形成する。「大衆に近い」というのは、新しい時代のテレビの宣伝活動の重要な言葉になっている。それは、日常生活におけるテレビ文化の実践に反映され、サービス機能を持った番組が数多く出現していることである。

一方、ニュース番組は、より社会的な機能を担い、社会問題の緩和に一定程度貢献することを確認できる。例えば、中央局のレベルでは、『ニュースセブン』の改革の試みは、少しずつ社会的な影響をもたらしていった。1984年8月の番組では、「北京のバスの乗車難」を連日報道し、そのニュースが流れると同時に視聴者から賛同の電話がかかってきた。中には、「国民の生活を気遣い、『大問題』を暴く勇気がある」「首都圏の人々のための良い報道」と評価する声や、新しい路線や2階建てバスを提案する人もいれば、数万元を出資して北京の移動の困難を緩和するために一役買おうという人もいる。……この番組の制作者はかつて、「国民は過去に何度もこの問題を提起したが効果はなかった。しかし、一度テレビで批判されると、指導者はすぐに真剣に考えた」と述べている。「それを見た北京の担

[1] 視聴者からの手紙の編集、CCTV『電視週報』第45号、1985年。

当者は、すぐに対策を立てて問題を解決するように指示した。その直後、バス会社の本社が新路線を追加し、当初の予定より1年早く開業した。ラッシュアワーに子供連れ専用バスを追加するなどして、事実上、対立は緩和された[1]。」連続テレビドラマを見るように、多くの視聴者が「ニュースのその後を追跡する」ことを可能にした連続テレビ報道の推進も、この報道形態の強い魅力を反映している。地方レベルでは、例えばテレビニュースが急速に発展している広東テレビでは、国民の大きなニーズに応える目的で経済ニュースの改革にも取り組んでいる。1985年の広東テレビ報道部の業務に関する報告書[2]によると、「経済ニュースは国民のためにある」というのが改革の明確な方針であり、「国民への奨励と奉仕の機能をより重視する」という。その一例として、広州郊外の増埗大橋が、取り壊しや移転の問題で5年間も完成せず、日常生活に大きな不便をきたし、国に損失さえ与えていることが挙げられる。増埗大橋の早期建設を求める国民の強い声を生中継で伝え、関係部門の行動を批判した。このニュースが流れたことで、それまで揉めていた部門も交渉に乗り出し、数日後には5年間続いた橋の用地問題が解決し、スムーズに工事を進めることができたのである。

一方、大衆の生活をターゲットにした情報番組が登場し、独自の番組スタイルを確立していった。その代表的な例が、1983年にCCTVが開始した『すべてあなたのために』という番組で、常に視聴者の生活に密着し、様々な視聴者が楽しんで見ることができるように、より多くの情報を提示するものである[3]。毎日定期的に放送されるため、視聴者は毎日番組を見に来る

[1] 章壮沂「電視新聞改革的一次嘗試（テレビニュース改革の試み）」『電視業務』第1号、1985年。

[2] 広東省テレビニュース部「譲電視新聞為観衆喜聞楽見（テレビニュースを視聴者に楽しんでもらうために）」『中国広播電視年鑑1986（中国ラジオ・テレビ年鑑1986）』、335-337頁。

[3] 趙群「向新的高度跨越——一九八九年中央電視台節目一覧（新たな高みへの越境——1989年のCCTV番組一覧）」『大衆電視』第12号、1989年。

ようになり、その結果、中国のテレビは単発的な番組から定期的な番組へと発展していく形となった[1]。さらに、『天気予報』のような番組もあり、多くの視聴者が「毎日、私の周りの人は必ずテレビを見ている……最高のテレビ番組を選ぶとしたら、間違いなく『天気予報』に投票するだろう」[2]と語っていた。

3.3.3. 審美性

1980年代のテレビ文化の美的次元の探求は、いくつかの顕著な変化をもたらし、人々の精神生活の充実と美的センスの向上もこの段階でのテレビ文化の特徴である。その代表的な実践はテレビドラマの分野に反映されており、1980年代に「国産ドラマ」が急激に進出したことは、テレビが文化的・審美の向上という機能として位置づけられたことを直感的に反映したものである。特に、1970年代後半から1980年代前半にかけての適応・模索を経て、図3.2のデータに示されるように、テレビドラマは次第に中国のテレビ業界において最もダイナミックで大規模かつ専門的な制作の初期段階にまで成長するようになった。

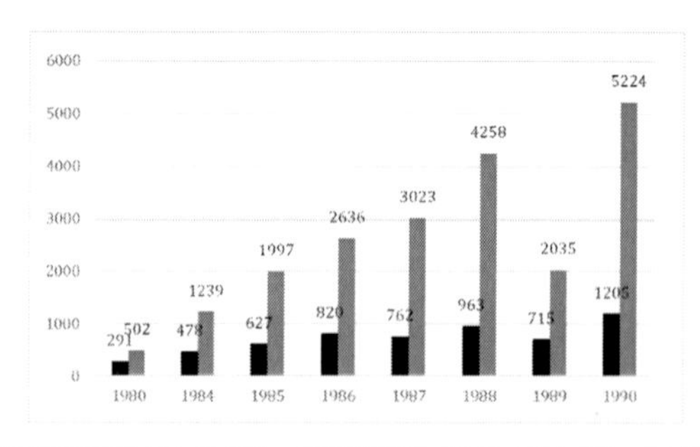

図 3.2 中国におけるテレビドラマの制作状況（1980-1990 年）（全篇／話数）[3]

[1] 周勇、倪楽融「拐点與抉択：中国電視業発展的歴史邏輯與現実進路（ターニングポイントと選択：中国テレビ産業発展の歴史的論理と現実的進行）」『現代伝播』第9号、2019年。

[2] 視聴者からの手紙の編集、CCTV『電視週報』第3号、1985年。

[3] 出典：『中国ラジオ・テレビ年鑑』の1986年から1991年による。注：1988年と1989年は政治や産業政策関連の影響を受けたが、1989年のデータでは、短時間で大きく滑ったため、永続的な効果とは言えない。

単発ドラマから連続ドラマへの形態の変化は、劇場や映画とは異なるテレビドラマの芸術的魅力を国民に真に認識させることになった。テレビが日常生活に入って家庭のメディアとなり、集団視聴からファミリー視聴へ徐々に切り替えた。「テレビ視聴者の美的心理に的確に対応した[1]」テレビシリーズは、次第に大衆的な美の対象となり、かつて映画とやや曖昧な関係にあった一本もののドラマは徐々に縮小され、今日の「テレビ映画」「デジタル映画」へと発展していった。テレビの「連続ドラマ化」の概念と実践の確立は、社会的・文化的な状況におけるテレビドラマの影響力を高めるうえで重要な役割を果たしている。視聴者は継続的かつ長期的にドラマに感情移入し、しばしばドラマが特定の時期に大衆文化や日常の話題となり、より広い大衆に文化と美学の情報を提供する一因となるのだ[2]。

[1] 石凝「関于“電視劇是大衆化芸術”的探討（『大衆芸術としてのテレビドラマ』についての一考察）」『中外電視』第1号、1987年。

[2] 常江『中国電視史（1958-2008）（中国テレビ史（1958-2008））』北京：北京大学出版社、2018年版、201頁。

第4章　テレビ文化の構成要素：テレビ業界、視聴者、評論家

テレビ文化は、テレビ業界と文化の消費者である視聴者がお互いに「育成」した結果として、世界で最も典型的な大衆文化の一つとなっている。しかし、1980年代の中国では、この見慣れた大衆文化が特異な状態を呈した。テレビが次第に文化生活や家庭生活に浸透して一般大衆に「普及」し、一般庶民の好みがテレビ文化の方向性に直接影響するように見えていた。しかし、実際は知識人や文化エリートが多く占めるテレビ文化の生産側と評価する側（一部権力者としての視聴者を含む）はテレビ文化の方向性に直接影響を与えたのである。したがって、テレビ文化への指導は、実はきわめてエリート主義的である。これはもちろん、テレビ文化が徹底した大衆文化やエリート文化になったということではない。むしろ、テレビ文化を構成する主体が、異なる認知的観点からこれをめぐる激しい言説闘争と戦略的競争を行っているのである。そのため、テレビ文化の実践は、市場の法則の尊重と表現のルール間に多くの微妙な相互作用があり、ダイナミックな適応のように見えるのである。例えば、飛天賞などのエリート支配の賞においては、一般消費者向けの人気ドラマやスリラー、ホームドラマなどは、「選考に値しない」とされる[1]。すなわち、国民に愛されている番組であっても、主流の文化界からは相手にされないのだ。逆に、文化界から好まれている番組に視聴率が低い傾向がある。すなわち、異なる主体の主張の間の分断は、テレビ文化の異なる方向性をも生み出す。「庶民の好み」が勝って大衆性を高める番組や、「美的意識」が勝って文化性を高める番組、あるいは、両方が共存して、特別なテレビ文化を形成すること

[1] 李光一「電視消費（テレビ消費）」『大衆電視』第 9 号、1988年。

もある。しかし、どれに基づいていたにせよ、テレビ文化の「競争」は概して肯定的な効果をもたらした。ここでは、80年代のテレビ文化がどのように成立したのかという問題をより明確にするために、テレビ文化を構成する3つの主体、すなわちテレビ業界、視聴者、評論家について解説していく。

4.1 テレビ業界：「外部者」の強い関与

1950年代後半に中国でテレビが誕生したのは、自然な結果ではなく、かなりの弱点と不確実性が内在していたのだ。テレビが政治的プロパガンダの道具とみなされたイデオロギーレベルでも、映画産業を流用してきた専門家チームを作り上げたプロフェッショナルレベルでも、テレビの専門家チームの出現が産業の出現に遅れたため、いわゆる「プロチーム」からは始まらなかったということである。テレビ関係者の大半は、実践を通して少しずつテレビの知識を身につけてきたに過ぎない。テレビ業界に入るための資格や、誰がその発展を担っていくのかという人材の「専門化」に関わる問題は、1990年代以降になってはじめて実質的に解決された。それ以前、特に改革開放後、テレビが急速に台頭してきた10数年間は、「テレビ業界とは誰のことを指すのか」という問いに対する業界の回答がつかめないままであった。また、この時期にテレビ業界を支配した「業者」が、業界外からの強力な介入によって大きな影響を受け、時代の特徴や文化生産の独自性を帯びていったことも、こうした背景があるのだろう。

4.1.1. やむを得ない「越境参入」：業界の「本質的な欠陥」への対応

中国のテレビ業界には、その昔、本当の意味での専門家がいなかったことは紛れもない事実である。一つの理由は、当時、大多数の人がテレビを「新しいもの」として限定的に理解していたことにある。テレビが誕生して最初の 20 年間、中国人のテレビに関する知識は、そのほとんどが西洋の経験に基づいていた。例えば、1972年に当時のアメリカ大統領リチャード・ニクソンが中国を訪問した際、本格的なテレビメディアのチームを同行させ、テレビ取材を実施したが、この時初めて、中国のテレビ業界はアメリカのような国際テレビ報道陣を作るという目標を持ったのである。もう一つの理由は、1950－60年代の中国は、政権が安定していたにもかかわらず、人口が多く国力が貧弱であったため、政治運動が頻繁に行われ、国民教育の進展は遅々として進まなかったことにある。データによると、中華人民共和国建国から第1次5カ年計画終了まで教育水準に大きな変化はなく、非識字者は依然として人口の約78%を占め、初等教育を受けた学齢児童が半数に過ぎなかった[1]。テレビコミュニケーションは、「老若男女に親しまれる」メディアとなることに成功したが、テレビ制作自体の敷居は決して低くなく、クリエイティブなコンセプト、撮影技術、プロの制作工程など、かなりの基礎知識とクオリティが要求されるものである。テレビに対する意識と同時に文化教育全体のレベルからも、社会レベルから専門的なテレビ関係者を選ぶことは容易でないことは明らかであり、「越境参入」が必要なのである。

初期のテレビ業界は、当時の放送業界を中心とした事務職と、映画業界を中心とした技術スタッフ、主にこの2つの部門から構成されていた[2]。「越境参入」は、個人のキャリア選択ではなく、国家宣伝のニーズに応えるためのスタッフ配置であり、テレビ誕生時の「固有の欠点」を補うためのものである。この論理は、「ラジオ」と「テレビ」が視聴覚メディアの枠組みの中で、全体的に同じような論理で運営されており、事務作業もほぼ同

[1] Roderick Lemonde MacFarquhar、ジョン・キング・フェアバンク(John King Fairbank)『ケンブリッジ中国史（15巻）：中国革命の中の革命（1966年～1982年）』北京：中国社会科学出版社、2007年版、168-169 頁。

[2] 常江『中国電視史（1958-2008)(中国テレビ史（1958-2008））』北京：北京大学出版社、2018年版、36頁。

じ流れで進めることができること、また、映画産業がテレビ産業に与えた影響が、テレビ文化の形成に一役買っていることも、定着した理由と考えられる。一方で、前述のように、テレビは長い間、映画産業に「愛顧」されてきた。その結果、「映画との融合」という伝統が生まれ、それ自体が日常生活と文化を形成している。一方、業界内では、映画の美学は、これらの実践者たちが「越境参入」するにつれ、テレビの文化にも浸透していた。例えば、北京テレビ（現在の中央テレビ）の初期のテレビディレクター、ジャーナリスト、カメラマンのグループは、そのほとんどが中央ニュースドキュメンタリー映画撮影所から移籍したもので、映画制作の文化的、美的観念をテレビ制作に持ち込み、「映画の概念はしばしばテレビの概念を圧倒し、芸術性はしばしば報道性を上回る[1]」と言える。文化の本質から見れば、「映画の真の美学」と「テレビの真の美学」は明確に区別され、それぞれ耽美主義とドキュメンタリズムへの異なる道筋をたどっている。映画業界出身者の指導のもと撮影された初期のテレビニュースのドキュメンタリーは、殆どが「ミニ」映画といえるほど高度な映画美学を示した。ステージ写真やドラマチックな物語の強調など、ジャーナリズムの基本ルールに従わない創作要素が、公式レベルの支持を得て、テレビニュースに頻繁に見られるようになったのである。そして、暗黙のうちに、あるいは明示的に、公的なレベルでサポートされていることさえあるのである[2]。

映画と類似しているテレビドラマの分野でも、映画関係者の関与が圧倒的に多かった。中国のテレビドラマが「連続ドラマ」という概念を持ち始めたのは、1980年代に入ってからである。それまでのテレビドラマは、映画の連続編のような単独脚本によるドラマが流行であった。また、映画業者が関わっていたため、映画の美学を徹底的に追求したことは、中国のテ

1 郭鎮之『中国電視史（中国テレビ史）』北京：中国人民大学出版社、1991年版、13頁。

2 常江『中国電視史（中国テレビ史）（1958-2008）』北京：北京大学出版社、2018年版、37頁。

レビ界にも貴重な財産を残した。最も代表的な例は、映画界から転身して1980年代に『紅楼夢』などの名作国民ドラマを生み出したテレビ監督、王扶林の例である。また、こうした積極的な探求は、その後の中国のテレビにおける美的・文化的関心の追求に、常に精神的な原動力を与えてきたのである。

4.1.2. 業界「外」のベテラン実践者：文化エリートが支配するテレビ業界

1980年代になると、中国のテレビ業界にはまだ「内発的」なテレビ専門家チームは存在しなかったが、1950年代と1960年代の蓄積や、より緩やかな社会風潮の変化、そしてテレビ業界への文化界のさらなる関与が相まって、1950年代と1960年代に起源を持つ上記のテレビ文化・美学は1980年代に創作の頂点を迎えることになったのである。

その間、「業界」への「部外者」の参入は、テレビ業界の運営メカニズムとして常態化したままであった。しかし、テレビ創成期の慌ただしさに比べれば、この「調整」期間ははるかに緩やかで余裕のある時代であった。さらに重要なことは、こうした業界外からの文化的な力が、1980年代に本当の意味のテレビ文化の形を作り始め、テレビ初期の時代よりも強い文化的条件を示したことである。その変化は、主に三つのポイントがある。

まず、テレビの発展のための人材の検討が、主に政治的資質に基づいていた1950年代と1960年代に比べ、1980 年代のテレビ関係者の選考は、職業的資質と政治的資質の両方に基づいて行われた。1980年代には、北京大学、中国人民大学、北京放送学院（現在の中国伝媒大学）、北京電影学院などの高等教育機関からの卒業生が多数テレビ業界に参入した。テレビ業界を熟知していた者とは限らなかったが、こうした知識人が新しい力として加わることで、テレビチームを充実させながら、テレビ文化の質を保証するうえで重要な役割を果たしたことは確かである。

二つ目は、かつて急遽映画業界からテレビ業界に転向した人たちが、模索の末にテレビ業界の先駆者となり、テレビ業界の屋台骨を形成していることである。彼らの指導と提唱のもと、テレビ文化は散漫な探求から方法論的構築へと徐々に変化していったのである。この業界外のベテランテレビ実践者のグループは、中国のテレビの発展に大きな影響を及ぼした。前述の王扶林に加え、1982 年のテレビシリーズ『西遊記』の名監督である楊潔も、1981 年の文芸部（現在の「文化と旅游部」という中央部署にあたる）の会議で「中国の四大文学名作のテレビ化」と頼まれた。当時 CCTV（中央テレビ）の副局長だった洪民生が、オペラ界からテレビ業界に転向して間もなかった楊潔に、「引き受ける勇気があるかい」と尋ねた。「大したことではない」の一言を残した楊潔は、当時としては前代未聞の『西遊記』の制作に取り掛かった[1]。彼女は、すでにオペラやオペラ番組の制作で多くの実践を積み重ねており、彼女がオペラの要素を『西遊記』の革新的かつ重要な特徴として持たせ、今日でも国民ドラマの画面に欠かすことのできない名作として君臨し続けているのである。

三つ目は、1980 年代のテレビ文化の社会生活への浸透とともに、いくつかの新しい問題が徐々に浮上しはじめたことだ。同時期にすでにテレビ人材が豊富になった欧米諸国のテレビ業界は、市場の選択に基づいて消費者である視聴者に近づく傾向があり、その結果、下品で粗野な文化が画面に登場することが多くなり、テレビ文化に対する社会批判の重要な理由にもなっていたのだ。一方、1980 年代の中国のテレビ業界では、文化界が深く関与していたため、このような事態は効果的に回避された。長い間テレビの実践に没頭してきた業界の「外」の先駆者たちは、文化の生産を通してテレビ文化を振り返り、「テレビを寝室に移動することで、会話や安らぎや睡眠の代わりとしてしまい、寝室がプラトンの洞窟の住人のための豪華な刑務所となる」

[1] 何天平『蔵在中国電視劇裏的 40 年（中国テレビドラマに隠された 40 年）』杭州：浙江工商大学出版社、2018 年版、9 頁。

といった問題を警戒するようになるのである[1]。よって、文化の創造だけではなく、文化を生産する監督も大きな役割を担っているのだ。

1980年代のテレビ業者の構成は、明らかに文化エリートが多く、ラジオ・テレビに関する大規模な高等教育が始まったのは1980年代半ばであるため、実際には改革開放以前の業界外からの参入の伝統を引き継ぎ、大きく二つのグループに分かれていた。一つ目は、前述のテレビドラマのディレクター王扶林や中国版紅白の監督黄一鶴など、文化大革命以前からテレビ界に入っていた人々のグループである。二つ目は、新聞記者、映画や演劇の監督や脚本家、芸術家などの「素人」のテレビ実践者グループ[2]である。この二つのグループは、ゼロから実践のプロセスを経て、既存の創作経験と統合したテレビ文化創造の方法論を探求している点が異なる。同時に、彼らの多くは、自らの文化的スタンスに基づいて、テレビ文化をさらに導き、あるいは変革しようと意識し、この革新的な方法論を新しい時代の文脈でさらに発展・成熟させ、テレビ文化を他のエリート文化と同様に、極めて真面目で美的なものにしようと試みていたのである。1980年代のテレビの実践者というよりは、彼らの「実践」の論理がプロフェッショナリズムよりも、学者たちの助言の伝統や政治的動機に影響されていたことから、この集団的アイデンティティは「テレビの文化的エリート」と定義されるべきものであろう[3]。

4.2 観客：エンターテインメントとカルチャーの間を行き来するものとし

1 徳華「成為家俱的電視（家財道具となるテレビ）」『中外電視』第1号、1986年。

2 常江「20世紀80年代中国的精英話語与電視文化（1980年代の中国におけるエリート言説とテレビ文化）」『新聞春秋』第1号、2016年。

3 周翼虎『中国伝媒超級工廠的形成—中国新聞伝媒業30年（中国メディアスーパーファクトリーの形成－中国ニュース・メディア産業の 30 年）』台北：秀威諮詢科技有限公司、2010年、78頁。

て

1980 年代にテレビ文化が急速に発展したのは、テレビが数百万世帯に大規模に普及し、テレビが真に「ポピュラー」なメディアとなる条件が十分に整ったからであった。1987 年に行われた視聴者の全国サンプル調査では、78%の人が定期的に「テレビを見ている」ことが分かった。「ラジオを聴く」、「新聞を読む」人の割合よりもはるかに高く、北京、天津、上海の視聴者はすでに一人当たり一日 2 時間以上テレビを見ていた[1]。テレビに接する機会が増え、テレビ画面の向こう側の世界を楽しむ人が増えていった。また、テレビに没頭することは、中国国民に深く作用し、日常生活と密接な文化的相互関係を構成する文化的メカニズムを持っていた。それによって、「視聴者」は、テレビの最大の文化的主体の一つとして、テレビ文化から大きな影響を受けていたのであった。例えば、『アトランティスから来た男』や『特攻ギャリソン・ゴリラ』に倣って、サングラスをかけて投擲用ナイフを作った 1980 年代の若い視聴者や、『紅楼夢』や『西遊記』などの有名小説のアダプテーションに素朴な美学を感じる視聴者などがいた。視聴者の行動は逆にテレビ文化の方向性を大きく左右していた。例えば、『アトランティスから来た男』や『特攻ギャリソン・ゴリラ』という二つの人気「海外作品」がクレームの対象になった。中学生が不登校になり、『特攻ギャリソン・ゴリラ』のいわゆる「ならず者部隊」を結成し、中には、それが原因で犯罪に手を染めたという極端な事案まで現れた[2]。洪民生が指摘したようにテレビ文化と視聴者の関係は、前者は社会文化を凝縮して再現し、後者は家庭文化を含む日常生活文化を前者に拡張するというものである[3]。両者の関係は、やはりそれ自体、純粋に制約されたものではなく、

[1] 郭恩強「黒白電視時代的受衆記憶（白黒テレビ時代の視聴者記憶）」『社会観察』第 1 号、2015 年。

[2] 劉力「要重視電視劇的社会效果（テレビドラマの社会効果を重視すべき）」『大衆電視』、1982 年第 8 号。

[3] 洪民生「電視文化漫談（テレビ文化漫談）」『人民日報』1988 年 7 月 5 日。

より柔軟なものであるといえるだろう。1980年代の視聴者も、「テレビの作り方には、視聴者が好きなものなら何でもいいというもっともらしい感じが常にあったが、その結果、視聴者が好きだと期待したテレビが不評になることがあった」と感じていた[1]。その語りの裏には、テレビの文化的主体である視聴者の主体性が十分に反映されている。このダイナミズムは、一種の追従として、また一種の反省として、エンターテインメントと文化の間をさまよいながら、さまざまな方向で現れているのである。

4. 2. 1. 大衆文化のフォロワー

1980年代の中国社会は、一般的に娯楽の選択肢が限られていたため、庶民の視野を広げ、知識の増加をもたらすことができる唯一の選択肢が「新ブーム」であるテレビだったのである。また、社会生活の第一歩としてのテレビの利点は明らかだった。テレビを持つ人は、家から出ることなく世界の出来事を知ることができ、さらに文化的娯楽を自分で選ぶことができたのだ。余計なお金や時間を使って、チケットを購入することや、行列に並ぶといった煩わしさからも解放されるのだ。そして、辺鄙な田舎では、テレビが知識、情報、娯楽のほぼ中心であったことは言うまでもない。大都市圏に住む人々でさえ、文化的環境の欠如が深刻であったため、自宅のテレビに頼ることが多くなっている[2]。一方で、80年代のテレビ文化は、その文脈から道徳性、美意識、文化性が高いとはいえ、文学や演劇などのエリート文化とは本質的に異なる。ある視聴者は、「結局、テレビは何百万人もの一般人を対象にしている。大学生もあまり教育を受けていない人も、子供もお年寄りも、サラリーマンも農家も、さまざまである。」と表現している。「一般庶民」に楽しまれてこそ 、テレビという文化は意味を持つとも言える。

[1] 仲呈祥「1988年電視劇読片随想（評論与探討）（1988 年テレビシリーズの読解に関する考察（レビューと考察））」『大衆電視』、1989 年第1号。

[2] 洪民生「電視文化漫談（テレビ文化漫談）」『人民日報』、1988年7月5日。

大衆文化としてのテレビの台頭がより具体的に投影されたのは、1980年代である。ある視聴者は、日常生活におけるテレビの魅力をこのように表現した。

> 昔のテレビ（1950年代、1960年代のテレビのこと）には、いつも謎めいた雰囲気が漂っていた。まさかテレビがこんなに普及するとは夢にも思っていなかった。人々はスクリーンから様々な楽しみを得ているし、テレビは、私たちに平和で静かで豊かな家族の時間を与えてくれる。子供のころの大半をテレビのそばで過ごす人が増え、 社会人や高齢者も大勢いる… 人々が見たことのある楽しみごとも、見たことのない楽しみごとも、すべてテレビの中にある、なんと面白い人生だろうか[1]。

1980年代の主流派でも、「夕食後にテレビを見ることが最高の楽しみであり、文字の読めない人でも理解でき、人々を新しい世界に連れて行ってくれる[2]」と意識していた。また、人々のテレビに対する見方は、テレビが社会生活を包括的に「包む」ことによる深い影響も大きく反映していた。テレビは迅速でタイムリーなニュース放送、生き生きとしたバラエティー番組やエンターテインメント、教育になるニュース解説、夕食後の映画やテレビトーク、理にかなった社会教育番組、本格的な文学や芸術など、人々に見せる[3]。ある視聴者は、「テレビから得られないものはほとんどない」と言うほどだった。このような発言は、絶対的に客観的で公平なものではないが、少なくとも国民が何らかの形でテレビ文化に傾倒していることを示すものである。別の見方をすれば、1980年代のテレビ人気には「テレビ中毒」の影響が議論され、当時の医学雑誌にも「テレビ中毒」の診断が

---

[1] 程乃珊「電視給我帯来恬静的夜晩（テレビは私に平和な夜をもたらす）」『大衆電視』第6号、1987年。

[2] 陳氷「電視把人們帯進了新的天地（我与電視）テレビは人々を新しい世界に連れてきた（私とテレビ）」『大衆電視』第5号、1989年。

[3] 郭恩強「黒白電視時代的受衆記憶（白黒テレビ時代の視聴者記憶）」『社会観察』第1号、2015年。

記録されている。ある若い視聴者がテレビに夢中になり、懸命に目を開けていないと見えないほど視力が低下し、さらには目の病気を発症してしまい、日常の読み書きに支障をきたすようになったため、テレビの視聴時間を減らすことにした。しかし、そうすればするほどテレビを見ることがやめられなくなり、不安やイライラが募り、健康を失ってしまい、やがて命を落とすという悲劇が起きた[1]。しかしながら、今日の医学的な見識をもってしても、「テレビ中毒」と「短命」の間に直接的な因果関係の論理はなく、このような議論は十分な根拠と事例を欠いていると思われるが、少なくとも、80年代の人々がテレビという新しい大衆文化に、「無防備」のままに熱中している様子が描かれている。

4.2.2. 大衆文化のモニター

1980年代の中国のテレビ文化にとって、視聴者は大衆文化のフォロワーとしてだけでなく、そのモニターとしても行動しており、この二つのアイデンティティは1980年代の視聴者がテレビに参加することと密接に関係していたといえるだろう。

例えば、最も人気のあるテレビドラマの分野では、『霍元甲』、『霍東閣』、『赤い疑惑』、『十三妹』、『Tiger Hill Trail』などのヒットドラマが人々に愛され、その注目度の高さから、テレビ局も視聴率争奪戦を繰り広げ、Lチャンネルで、2話が放送された翌日、G チャンネルでは4話が放送され、夜中にいたる窓から怒号や喧嘩の音が聞こえてくる[2]。一方、視聴者は、これらのドラマが社会に与える影響について、プラスの面だけを見るのではなく、「テレビ文化によって、自分や家族が受けるリスクを心配している」として、マイナスの面にも強い危機感を抱いていた。当時の視聴者からの手紙には、スクリーン上の格闘技ドラマや海外からの輸入ド

[1] 著者不明「電視迷短寿（テレビファンの短命）」『医学文選』第6号、1998年。
[2] 方文，暄民「荧屏旋風引起的深思（テレビ旋風から生じる深い思考）」『大衆電視』第7号、1989年。

ラマなどを厳しく批判するものが多くあった。例えば、以下のような声があった。

> 兄の子は、まだ2歳半にも関わらず、家に客が来るとよく「迷踪拳」を見せてとしつこく懇願する[1]。また、近所の小学3年生の男の子、剛ちゃんは、もっとひどく、竹刀を持って、「霍元甲兄」の仇を取りたいと言って通学路でクラスメートと喧嘩をしている。さらに心配なのは、医師王先生家の娘で、高校に入学したばかりの菊ちゃんが、「幸子」役になりきってしまい、隣席の男の子に密かに恋をしていることだ[2]。娘の学力低下に怒った王先生が3階からテレビを投げるというトラブルも… テレビ局によっては、香港のカンフー映画を上映して視聴者を獲得しようと競うところもある。一方は『霍元甲』を流すと、もう一方は『陳真』を流す、一方は『霍東閣』を流すと、もう一方は『十三妹』を流す。テレビ画面を盛り上げているように見えるが、副作用も少なくなく、テレビ局はテレビ文化が次世代に害を与えないように警戒する必要がある[3]。

1980年代のテレビ業界では、実は熱い議論が繰り広げられていた。夕方のテレビニュースの台頭は、人々の日常生活に合致していると考える人もいれば、このような番組が生活をどんどん後退させ、「人々の生活リズムに影響を与える」と考える人もいた。テレビのバラエティー番組「正大バラエティーショー」や「春節連歓ガーラ」は、新しい美的空間を開くと考える人もいれば、これらの番組は人々を「目の前のことや周囲の出来事に無関心」にさせたと考える人もいた。テレビシリーズの恋愛は極めてロマンティックで想像力に富んだものと考える人がいる一方で、「海や森ばか

---

1 「迷踪拳」は、中国でポピュラーな拳法。当時TV シリーズ「霍元甲」に登場する霍元甲の武術は、「秘宗拳」とも呼ばれる一族の技「迷踪拳」を継承している（注：「秘宗拳」と「迷踪拳」とは中国語の発音が似ている）。

2 山口百恵主演の日本のテレビシリーズ『赤い疑惑』の女性主人公、大島幸子。

3 視聴者からの手紙集：中央テレビ『電視週報』No. 16、1985年。

りで、主人公を追いかけて走り、抱き合ってキスをするシーンだったり、曲線的で官能的なものだったりで、見ていて嫌になる[1]」と考える人もいたのだ。さまざまな評価がある中で、重要なのは「結果」ではない。多様な見方がテレビ文化の意味を豊かにし、常に吟味される過程で、テレビは自らの文化の系譜を徐々に整理していくことができたのである。

1980年代の視聴者が大衆文化のモニターとして、かなり重要で強い影響力を発揮した理由は、その独特な時代背景と密接に関係していることにある。異常に活発だった文化エリートは、1980年代のテレビ視聴者の重要な構成要素であった。さらに注目すべきは、文化エリートが視聴者として、テレビ局に提言の手紙を書く主力であり、メディアでテレビに対する意見を表明する常連かつテレビ文化の潜在的危険性を省察できる存在であったことで、一般の視聴者に比べて言論の影響力を十分に持っていたことであろう。一般庶民の代言者である彼らは、主観的にも客観的にも、テレビ視聴者のリーダーであり、その意見や考えでより多くの人に影響を与える機会を十分に持っているのである。

4.3 評論家：境界が曖昧なアイデンティティ

世界のテレビ業界において、テレビ批評（television criticism）は、業界の進化を目撃かつ監視し、考察する文化的実践として、1950年代の西欧社会におけるテレビの大衆化とともに登場し、業界の発展とほぼ時を同じくしていたのである。テレビ批評の隆盛は、大衆メディアとしてのテレビの監督機能と密接な関係がある。しかし、中国の社会状況においては、テレビ文化の商品経済的属性や、メディア自体における大衆的影響力の構築も、1950年代から1960年代にかけてのテレビ初期には形成されていな

[1] 視聴者のコーナーからの手紙：「独特新穎的愛情描写（ユニークで独創的な愛の描写）」『大衆電視』第5号、1982年。

かったため、黎明期のテレビ批評は、限られた散発的な実践として紹介され、実際の風潮を形成していなかったのである。文化環境全体から見ても、テレビ文化の発展から見ても、テレビ批評が発展する条件が比較的に整ったのは、1980 年代に入ってからであった。

テレビ批評の分野では、「評論家」は、研究レベルで注目すべき極めて重要な存在である。専門的なアイデンティティとしての批評家 は、文学、演劇、美術などのエリート文化が栄えた1980年代に勢いを増し、さらにはより幅広い文化・芸術分野へと拡大した。「文化があればどこでも文化批評」という流れは、1980年代に顕著になった。この時代、テレビは日常生活の中で存在感のある文化として、従来のエリート文化に加え、大衆文化としても批評家の大きな関心を集めるようになった。しかし、批評の対象の違いから、アイデンティティとしての批評家の構築も変化していった。

4.3.1. テレビ評論家とは

1950年代から60年代にかけて早くも登場したテレビ批評は、実はほとんどの人がテレビを見ることができない時代に形成され、有力幹部や知識人向けのさまざまな新聞や雑誌に散見された。このような状況下で、これらの批評文章の学術的研究価値は普及価値よりもはるかに高く、今日テレビ批評と呼ばれるものとはより根本的な違いをもって、この段階でテレビ研究の重要な資料とさえなっていたのである[1]。関係する主体は、批評家も読者も当時の文化エリートが中心であり、このアイデンティティは、主にテレビ文化の評価や研究において文化界に貢献するという比較的明確な目的を持って構築されたものであった。

改革開放後、テレビ業界の社会的地位が再構築される中で、テレビ批評もより豊かに、より大きく発展してきた。一方で、過去の優れた伝統は維

[1] Littlejohn, D. Thoughts on Television Criticism. In R. Adler & D. Carter (Eds.), elevision as a Cultural Force. New York: Praeger, 1976, p.147.

持され、文化エリートがテレビ文化を評価する力は、新しい時代にさらに解き放たれたのである。実際、テレビ批評はその発足以来、大衆文化よりもはるかにエリート主義的な概念であり、批判的なテレビ研究に関わる専門的かつ体系的な学問の営みであった。現在でも、仲正祥や張徳祥など、1980年代に活躍したテレビ評論家グループがテレビ評論の分野で活躍し、テレビ文化をリードする重要な力となっている。

もう一方で、80年代のテレビ批評は、テレビにおける一連の文化的実践の充実とともに、その境界を拡大し、もはやアカデミックな色彩の強い理論的批評文にとどまるものではなくなっていた。テレビ批評家のアイデンティティは、豊かで複雑な意味合いを持つ集団概念となり、文化的エリートだけがテレビ批評を支えているとは限らなくなっていった。テレビ批評の一般視聴者である「アマチュア評論家」が多数参加したことで、テレビ批評の分野全体が実質的な意味で成長した。このような状況をもたらしたのは、いくつかのきっかけが重要な役割を果たしたからである[1]。ひとつには、テレビ批評の掲載に熱心な大衆紙や専門紙が増え、特に一般に流通するテレビ専門紙が多数出現していた[2]。いずれも「視聴者からの手紙」に重きを置いている。記事の形式も、一般読者からの手紙を特別批評記事として掲載したり、短評を特別レター欄で紹介したりと、さまざまな工夫を凝らしていた。次に、1981年以降、公的な支援を受けて、あるいは関連するテレビ機関、協会、メディアから、テレビ文化の公式な基調に対応するだけでなく、文化エリートや一般視聴者の意見に注目した全国規模のテレビ賞が出現した[3]。特に、全国テレビドラマ賞として初めて読者投票だ

[1] 欧陽宏生「中国電視批評的四個階段（中国テレビ批評の四段階）」『現代伝播』No. 1、2002年。

[2] 1978年以降に、テレビの研究や一般向けの雑誌が数多く登場した。代表的なものに『北京広播学院学報（北京放送学院紀要）』、『広播電視戦線（ラジオテレビ前線）』、『現代電視』、『電視文芸』『広播電視雑誌（ラジオテレビ雑誌）』『大衆雑誌』『中外電視』『電視月刊（月刊テレビ）』『電視週刊』『電視業務（テレビ業）』等がある。

けで決定された「金鷹賞」は、その評価が視聴者の好みに基づいており、視聴者の声が文化評価システムに大きく取り入れられていることから[4]、現在でも中国テレビドラマ界の「三大賞[5]」の一つであり、その影響力は大きい。これらの画期的な出来事の背景には、文化的実践としての「批評」が、専門的な学術的概念から普遍的な日常的言説へと広がっていったことがある。すなわち、1980 年代のテレビ批評は、実際には、テレビコンテンツやテレビ産業に対する複数の主体の反省的な見解やコメントを指すことができた。最終的には、一般視聴者がテレビ文化の構築や指導にまで参加し、テレビ産業の発展を進める過程でますます発言権を持ち、もはや主流から放り出されていた「しつこい不調和音」として見られていないことになったのである。

おそらく、80 年代のテレビ批評の実践の主体を次のように把握することもできるだろう。それは、文化エリートの学術的・理論的で真面目なテレビ批評は依然として強い魅力と影響力を持ちながら、同時に、日常的な文化現象としてのテレビ批評は、広義の「観客」によってコメントされ反映される可能性もあったことである。すなわち、新しい時代のテレビ批評の重要な要素でもあり、単一の学問的な視点から、次第に一般大衆と共有できる意味へと浮上し、テレビ文化の解釈をより豊かに、より多様にする視点を客観的に導き出したと言えるだろう。

4.3.2. 当時のテレビ批評の展開について

[3] 当時の代表的なテレビ賞である金鷹賞、金童賞、飛天賞、星光賞などは、主催主体や選考基準において、各賞それぞれの重点があったが、さまざまな層がテレビ文化をどのように視聴しているのかをまとめようとする全体的な視野を見せているものが多かった。

[4] 肖向雲「1980 年在杭州創刊的 <大衆電視>，曾経風靡全国（1980 年に杭州で設立された大衆テレビは、かつて中国全土で人気を博した）」『杭州日報』、2008 年 6 月 18 日、22 版。

[5] 中国テレビドラマの「三賞」は、中国テレビドラマ「飛天賞」、中国テレビドラマ「金鷹賞」、上海テレビドラマ「白玉蘭賞」である。

多様化・大衆化しがちだった80年代のテレビ批評主体の変化は、テレビ批評の実践に空前のブームをもたらしたとも言える。「棚上げ」のようなエリート言説から、「テレビがあればどこでもテレビ批評」という大衆言説へと、テレビ批評の方向性は次第にテレビのメディア性そのものに適応し、真に大衆を志向する文化的監視と反映を形成していったのであった。この間のテレビ批評の豊かな実践の中で、テレビ文化への注目はより繊細なものとなり、その結果、いくつかの注目すべき変化が生じている。

一方、テレビ批評の実践は、より広く、文化形式の面で一般視聴者の需要に近く、すなわち日常生活の機能としてのテレビ文化により関心を持つ傾向がある。また、価値観の中心という点で、より真剣なエリートのビジョンを追求し、テレビ文化への洞察は日常生活から生まれるが、それにとどまらず、より高い道徳的、美的、文化的追求があり、単に安住しているわけではない。すなわち、「脚本が面白いかどうか」という表面的な評価だけではなかったのである。例えば、当時の視聴者が、『故郷の紅葉』などのドラマの「リアリティ」について、「ドラマはいかに『現実』を再現し、観客の体験から正しく効果的に誘導するか」と考察している。この視聴者は、ドラマの中で紹介された「献血描写」について探求し、以下のような批判を行った。

献血を間違って描いている文学作品は多く、献血ということに対する誤解を助長している…ドラマ『故郷の紅葉』では、農村の幹部が経済的な問題で、都会に出て「血を売る」ことを余儀なくされているシーンがある。また、ドラマ『流れの中の歳月』で、恵玲は江峰の医療費を払うために血を売るシーンや、ドラマ『娘の願い』では、優しい養母が、愛する養女へのバイオリンを買うためにこっそりと自分の血を売り、家に帰るとすぐに眠ってしまうといったシーンがある。確かに、（解放後の）新社会では、人々が、命を救うためや、負傷者を助けるための献血に参加することは、革命的人道主義を遂行する愛国行為であるが、これは労働者が、お金や生活のために血を売ることを強いられた古い社会とは全く異なっており、区別する必要がある。今後、テレビドラマで献血が正しく描かれ、人命救助や負傷者の救済という意義が損なわれることがないよう、切に願うものである[1]。

1980 年代前半に登場したこの視聴者からの手紙は、テレビ文化と社会的志向の関係をより明確に考察したものであり、批評スタイルの変化を示す初期の代表的な検証の一つである。それ以前は、視聴者がテレビをどのように理解しているかについての文化人たちの認識は、「視聴者は脚本が面白いかどうかだけ気にしている」という考えに限られていたが、この手紙は、テレビが一般大衆にとっての「魔法の弾丸」ではないことを明確に反映している。視聴者は、見極めや考察ができるだけでなく、劇中の「リアルさ」が社会に与える影響など、より根本的な問題を効果的に考えることができるようになるのである。

1980 年代末には、「プロ」の視聴者の規模が大きくなり、上記のような解釈がすでに視聴者からかなりの形で投影されており、視聴者によるテレビ批評は理論的・言説的なテキストへと向かう傾向にあった。これはテレビ文化と視聴者がお互いに「育て合う」ことを示す好例である[2]。その代表的なものが、1980 年代後半に発表された「テレビドラマのオープニングはもっと短くすべき」という視聴者の以下のコメントである。

当初、テレビドラマのオープニングは、一話につき 1 分というルールがあった。しかし、1980 年代になると、人々の時間に対する意識が高まり、生活のスピードが速くなったにもかかわらず、ドラマはどんどん長くなっていった。中には、わざわざ放送回数を稼ぐためだけのものもあった。

[1] 視聴者コーナーからのお便り：「正確看待献血工作（献血の正しい見方）」『大衆電視』第 1 号、1982 年。

[2] 欧陽宏生「中国電視批評的四個階段（中国テレビ批評の四段階）」『現代伝播』No. 1、2002 年。

長すぎるオープニングは、顕著な問題の一つだった…シーンのつながりを壊しているだけでなく、視聴者の時間を無駄にしている[1]。

この批評は、一連の観察・調査に基づき、テレビドラマの現場で起きている問題点と改善の可能性を指摘すると同時に、テレビ制作のメカニズムに受け手から介入する可能性を示唆している。この批判に対して、当時のテレビドラマの制作者たちもコメントをしていることが、その価値を物語っている。また、これらの批判は、単なるテレビの脚本にとどまらず、制作の仕組み、産業としての可能性、文化的影響など、テレビに関わるあらゆる問題に対して受けており、その影響力は広範囲に及ぼしていることも明らかである。

もう一方、テレビ批評に関わる主体が大規模化したにもかかわらず、その後、批評実践の強さと鋭さが失われていったわけではない。逆に、80年代を通じて登場したテレビ批評は、ほとんどが個性的で、反省と反骨の精神に満ち、テレビ業界とその文化を導き、変革していく上で重要な役割を担っていた。もちろん、その決定的な理由は、文化エリートによるテレビ文化の監督がかつてないほど意識されたことである。1980年代以前のテレビ批評の高度で政治的な社会的背景とは対照的に、この時期の批評の実践は「実践への重視と生活への奉仕」を特徴とするものがほとんどであった。

この特質に見られている問題は、大きく二つのレベルに分けられる。第一に、テレビの文化的主体性の考察、すなわち「伝統」の考察である。1980年代の名作ドラマには、『新星』や『四世同堂』といった中国の有名な文学作品を原作としたドラマや、『赤い疑惑』や『アトランティスから来た男』といった海外からの輸入ドラマがあった。当時の代表的な傾向として、これらのドラマはいずれも視聴率的には好調であったにもかかわらず、官民とも

[1] 視聴者からのお便りコーナー「電視劇片頭応精短些（テレビドラマのオープニングはもっと短くすべき）！」『大衆電視』第11号、1989年。

に前者を支持する言説が顕著で、賞やマスコミ報道、視聴者レビューなどで高い評価を得ていたことがあげられる。また、この現象の背景にある社会心理や感情についても、評論家が以下のように解説している。

伝統作品からのアダプテーション・ブームは、エキゾチシズムやスリル、感覚的な刺激への憧れとも、ある種の安っぽい流行への盲目的な傾倒とも異なるものである。それは、歴史、現実、人生に対する真剣で深い考察の「ブーム」であり、自国の文化的土壌に根ざした魅力的な芸術に触発され、時代と国家の感情をかき立て、はじき、逆らせるものである[1]。

第二に、「他者」としてのテレビ文化に対する警戒心、すなわち「西洋」に対する冷静な認識があったことである。80 年代、特に 80 年代前半は、海外のテレビ文化の流入が大きな問題となった。この騒ぎの後、欧米のテレビ文化に対して、公式にも私的にも、より慎重な態度がとられるようになった。1980 年代半ばになると、欧米のメディアでテレビ文化に対する批判的考察が各紙で盛んに行われるようになっただけでなく、当時の中国現地のテレビ批評もテレビ文化に注目するようになった。その中でも、アメリカのテレビに関する考察が最も充実していた。例えば、アメリカのテレビに溢れるポルノを批判し、ポルノ番組との間に挟むＣＭの商品の不買運動を呼び掛けた[2]。世論の圧力により、午後 7 時から 9 時までは「すべての年齢層かつ、男女を問わず楽しめる番組」に変更されたが、結局のところ 9 時をすぎると、犯罪者がテレビ画面上に溢れかえっていた[3]。それと同様に、アメリカの検察によると、犯罪者の 449 人の発言のうち 50%は自

---

[1] 戚方「電視芸術的崛起和騰飛（テレビ芸術の勃興と隆盛）」『文学理論与批評』第 3 号、1986 年。

[2] 視聴者のコーナーからの手紙「恨不能在電視机上加把鎖（テレビに鍵をかけたいものだ）」『大衆電視』第 7 号、1982 年。

[3] 「美国電視対社会的影響（アメリカテレビの中国社会への影響）」『大衆電視』1981 年 10 月号参照。

分の犯行は、映画やテレビによる影響だと主張している[1]。このようなことから、一部のアメリカ市民はテレビのことを「悪魔」と呼んでいる。さらには、親からは子供を、子供からは自身の幼年期を奪うような影響を与えたため、テレビの大規模な葬儀を開く人も現れるほどだった[2]。

[1] 「美国的暴力色情片与社会問題片（アメリカにおけるテレビによる暴力、ポルノと社会問題」）『大衆テレビジョン』第 5 号、1988 年参照。

[2] 「電視机葬礼（テレビのお葬式）」『大衆電視』第 12 号、1985 年参照。

第5章「文化としてのテレビ」からの検証：日常とプロフェッショナリズムの狭間で

同時期の欧米の社会エリートがテレビとその文化に対して示した「失望」に比べ、1980 年代の中国の知識人・文化人はテレビに対してより理想的な期待を持っていた。一方では、テレビの趣味やスタイルを損ないかねないあらゆる力が社会的・文化的景観におけるテレビの存続の問題にかかわるから、ポピュラーテレビにおける意味の生産に対する高い警戒心があった。他方では、「文化性」の大きな可能性への期待に満ち、社会変革期の一般庶民に対する思想の普及、文化の教養、思想的啓発にテレビが重要な役割を果たすと信じていた。実際に 1980 年代、中国のテレビはこの期待に応えて、「文化としてのテレビ」という現実を提示した。

5.1 「流行」への再考：テレビ文化の文学化と美学化

テレビは、演劇、文学、映画など他のメディア文化とも大きく異なっており、テレビ文化の「大衆化」は必然的に他の文化とは、異なる社会的方向性を示唆する。すなわち、二面性を持つ大衆文化としての社会的インパクトがあるのだ。庶民がテレビを単純に親しむこともできるが、人々を幻想的な消費主義の泡に浸し、「一生の娯楽」という沼にはまり、幻滅を生むこともある。もちろん、後者の影響は当時の中国社会には見られなかった。それは、社会主義市場経済の台頭は 90 年代に入ってからであり、80 年代はまだ計画経済の社会経済構造の中にあり、テレビ業界への影響が予測されるまでもなく、消費主義の風潮は成熟にはほど遠かったためである。他方、社会の中心に戻った文化エリートは、同時期に欧米のテレビ業界で明らかになった問題点、「流行」の下に文化があるとは限らないことを、鋭く、そして早く認識した。そのため、彼らは非常に強固な意志で、「テレビ文化」を浄化すること、また娯楽としてのテレビ文化の潜在的なリスクを排除することを目指し、その中でも「文学化」と「美学化」という二つの重要な道を選んだのである。

5.1.1. 文学からの栄養と支持

1980年代の文化界は、従来の熟知と慎重な態度から、文学をエリート文化の確立された形としてとらえ、テレビなどの新興文化の重要な参考資料として利用した。このように、高度に文学化されていたことが、当時のテレビ文化を把握するための重要な手がかりとなった[1]。より直感的な投影は、2種類のテレビ番組に見られる。

まず、文学がテレビドラマに与えた影響である。1980年代には、最も影響力のあるローカルドラマが制作されたが、その大部分は中国の古典文学をもとに編集したものであった。一方、オリジナル作品は少なく、質もまちまちであった。これは、1980年代にまだ成長していなかったテレビ制作能力と、テレビドラマを専門に担当できる人材やチームの規模が全体的に限られていたことが関係している。これらの有名作品のアダプテーションでは、『新星』や『四世同堂』など、代表的なものが近現代文学の象徴的な作品となっている。もちろん、80年代の名作として今も親しまれているのは、「中国四大古典文学名作」を基に撮影したドラマである。中でも話題になっているのが、80年代版『西遊記』と『紅楼夢』についての議論である。1981年、中央テレビ（CCTV）は、「文学名作の影響力は社会レベルでもっと見られるべきであり、より多くの人に感動してもらうべきだ」という考えから、中国四大古典文学名作のテレビ化を議題として掲げた。同時に、撮影についても「原作に忠実であること、脚本の変更に慎重である

[1] 常江「20世紀80年代中国的精英話語與電視文化（1980 年代の中国におけるエリート言説とテレビ文化）」『新聞春秋』第1 号、2016年。

こと」という目標が明確に打ち出されている。テレビ業界は、文化を広げるために文学的な糧を必要としていることは明らかであった。その後、『西遊記』と『紅楼夢』の撮影は各界から長く注目された。特に『紅楼夢』では、3年間にわたる創作準備期間として、監督、脚本家、俳優、美術に至るまで、「紅学」（『紅楼夢』を専門的に研究する学問）の特別訓練を受けてから製作された。また、文化人や学者などが、積極的に携わり、文学的な顔を持つこの作品をスクリーンでどう見せるかについて十分な助言を与え、さらには演出、脚本の作成、上演に直接参加したのであった。当時の「紅学」研究者たちの中には、『紅楼夢』のテレビ化に極めて大きな期待を寄せていた。「あらゆる面で蓄積が不足している中国のテレビドラマ業界は、『紅楼夢』の初の映像化という歴史的な任務を引き受け、文学の頂点に登るための大切な一歩を踏み出した[1]。」

しかし、このような状況下でも、空前の反響を呼んで放送されたテレビドラマ『紅楼夢』は、文化界（特に文学界）からの評価はまちまちで、中には、「総じて期待はずれ[2]」や「猥雑で下品な失敗作[3]」などのような厳しい意見もあった。これらの批判には、文学の持つシリアスさや抑制が、テレビ画面で変容するときの糧となるべきだという立場と、「無許可」の再創造が文学を弱めるだけでなく、テレビ文化自体を構造的に弱め、テレビドラマが作り出す「幻想」に人々が迷い込む原因になるという立場があるのである。

---

[1] 戴■（■＝「肖」に「こざとへん」）「開学術研討会議　論茨屏“紅楼”短長―電視劇＜紅楼梦＞学術研討会綜述『紅楼夢』の短長に関する学術セミナーを開く―テレビドラマ『紅楼夢』に関する学術セミナーの概要」『紅楼夢学刊』、第4号、1987年。

[2] 白盾・呉溟「『夢』魂失落何処尋？―関於『紅楼夢』電視劇及其評価問題（失われた「夢」の魂はどこにあるのか？ -- 紅楼夢とその評価について）」『汕頭大学学報』、『汕頭大学紀要』第3号、1988年。

[3] 著者不明「電視劇連続劇＜紅楼梦＞中的敗筆（ドラマ『紅楼夢』の失敗）」『文芸争鳴』第 4 号、1987 年。

第二に、文学がドキュメンタリー番組に与える影響である。中国ドキュメンタリーの初期には、後のドキュメンタリーの形に大きな影響を与えたある種の特殊形態があり、それは1980年代の社会歴史的文脈の中で繁栄し、中国のテレビ史における多くの名作を生んでいる。このような番組形態は、当時「テレビシリーズ」と呼ばれ、一般にはテレビスペシャルシリーズと見なされていた。その後の中国テレビの発展において、業界内外の多くの人がテレビシリーズとドキュメンタリーを同じ種類の番組だと考えていたが、実際には、1980年代に登場したテレビシリーズや長編は、純粋な意味でのドキュメンタリー映像ではなく、ルポルタージュや政治文学などの文学スタイルを取り入れた総合ドキュメンタリー番組で、今日ドキュメンタリーとして知られているものとは異なるものであった。そして、文学の分野から深い影響を受けているテレビシリーズは、文化的な関心と価値の高さを示している。特徴的なのは、テレビ番組の映像的な性質にもかかわらず、文学的な影響の強いテレビシリーズでは、映像よりもナレーションが支配的であることである。当時は、タレントが回想するようなシーンがほとんどで、多くのテレビシリーズのナレーションは、撮影そのものよりもはるかに多くの労力を費やして作られていた。解説の文学的な性格についても、1980 年代には「散文ではないが、散文以上の散文であり、詩ではないが、詩である[1]」と表現している。描写、叙述、論証が必要であり、特殊なジャンルで別格であったのだ。当時影響力のあるテレビシリーズ「長江を語る」、「運河を語る」、「黄河を語る」は、実際、1980 年代の「文化テレビ」の風景の重要な一部であった。

5.1.2.「美学ブーム」の影響

1980年代の「文化ブーム」の影響に加え、「美学ブーム」も重要な役割を果たした。美学化が日常生活で重要な役割を果たす傾向は、新しい時代

[1] 田本相・夏駿「論陳漢元的解説詞創作（陳漢源ナレーションの創作について）」『北京広播学院学報』第1号、1985 年。

における人々の美の追求の直接的な成果であると同時に、ポスト文化大革命時代のイデオロギーの再構築を求める知識人の根強い精神的な探求心にも起因している[1]。社会歴史的な美学の荒廃の段階を経験したばかりの人たちにとって、「美」の追求は心の解放と文化の開放の重要な徴候であり、長い間抑圧されてきた精神生活も「美の旅」の中であらゆる面から解放されることになる。このような状態は、テレビの文化にもそのまま反映され、テレビドラマの制作に象徴される。

中国四大古典文学ドラマに代表されるように、1980 年代の国民的ドラマの創作はピークを迎えたといえる。しかし、それはドラマ制作の技術が十分に成熟していたということではない。逆に、80 年代のドラマは、粗雑で単純な視聴覚表現で、誠実で深い人文的・美的関心を再現していた。おそらくこの時期のテレビ作品は、技術的な意味で「スマート」とは言えないが、その美的・文化的意味合いは、その後の中国のテレビ史において比類がないほどであった。

例えば、テレビドラマ『紅楼夢』の誕生までの長い道のりは、「美学ブーム」の影響をそのまま反映したもので、制作に 3 年をかけ、10 省 41 地域を巡り、219 カ所で撮影し、1 万カット近くを撮影した。それは、テレビ業界がまだ成熟していなかった 1980 年代には想像もつかない挑戦だった。そんな苦労があるからこそ、『紅楼夢』を制作するチームはは急がず、むしろ「美」の洗練の連続に沈んでいくのだろう。1984 年、制作チームは圓明園で 2 回の研修を行い、『紅楼夢』研究の大家をはじめ、オペラ、文学、歴史、民俗学の専門家を招いて、原文の研究、文字の体験、リテラシーの向上を創作陣に指導した。同時に、中央テレビ（CCTV）は専門家委員会を設置し、『紅楼夢』研究、美学、文化、メディアなど異なる分野の専門家

[1] 尤西林「『美学熱』與后文革意識形態重建—中国当代思想史的一頁（美学ブームとポスト文化大革命の思想再建 - 現代中国思想史の一ページ）」『陝西師範大学学報』第 1 号、2006 年。

が参加して、原作の持つ人の心、人情、人間性をいかに凝縮した長さ（36話）で表現するかを議論していた。このような努力の結果、ようやく「重厚」な『紅楼夢』が世に出てきたのである。放送期間中、全国の主要都市で 60%以上の視聴率を獲得し、1980年代で最も視聴されたテレビコンテンツのひとつとなった。1988年に寄せられた視聴者からの手紙には、多くの視聴者がこの番組への賛意を述べていた。名作『紅楼夢』がついにテレビ画面に登場したことに、多くの視聴者が「長年の願いが叶った大きな出来事だ。」「みんなが待ち望んでいた、テレビで見ても美しい、家庭や旅先、会社でドラマが話題になり、これからもずっと栄え続けてほしい。」と話していた[1]。

5.2 モダニゼーションの想像：外来テレビ文化への思惑

1980年代を通じて、テレビの発展は、社会的にも産業的にも、「近代化」のレベルからはやや遠ざかっていたといえるだろう。その中で、テレビ文化は逆に一種の展望の役割を担い、主に「外国のテレビ」をベースに、近代性に基づく大きな想像力を投影した。この「外国のテレビ」とは、1980年代に中国に導入された大量の外国のテレビ作品もあったが、中には当時正式に導入されてはいなかったが、人々の間でひそかに見られていた海賊版の作品もあった。

5.2.1.「海外テレビ番組」の「好き」と「嫌い」

1980年代の比較的緩やかで自由な文化風土は、それまで慎重であった異文化交流を大幅に緩和させた。その結果、1980年代には海外のテレビ文化が大量に中国に流入し、主流派の注目を集め、「文化としてのテレビ」の重要な要素を形成していた。第一に、主に長編映画の分野で中外協力が増

[1] 『中国広播電視年鑑 1988（中国ラジオ・テレビ年鑑 1988）』439-442 頁の「中央電視台観衆来信綜述（CCTV 視聴者からの手紙の概要）」を参照。

加し、80年代には『シルクロード』などの代表的な中日合作映画が注目を浴びたこと。第二に、海外ドラマが翻訳され、主要テレビ局で放映されたことである。ジャンルは主に都市ライフを描いたドラマ、スパイドラマ、時代劇で、『霍元甲』、『アトランティスから来た男』、『特攻ギャリソン・ゴリラ』は当時の庶民社会で一種の「社交的通貨」となり、お茶や食事の後の人々の重要な話題とさえなっていた。

この外国のテレビ文化の考察は、一方では「新しい窓を開ける」ものとして捉えられ、テレビ画面の一面は経験を超えた「知識」を提供し、その「知識」が真面目なものであれ娯楽であれ、総じて広い意味での世界を把握し理解するための視座を生成するものであるとされた。1980年代の視聴者の中には、海外ドラマへの認知を次のように表現する人もいた。

> 初期のテレビドラマは影絵のようなもので、初めて家庭で見るには不思議で新鮮だったが、しばらくすると子供っぽいと感じ、メイクアップやキャンペーンも野暮ったかった。しかし、香港ドラマが登場すると、ドラマは「つまらない」という考え方は、私たちの生活から徐々に消えていったのだ[1]。

こうした中、海外のテレビ文化の魅力と訴求は、さらに人々をテレビ画面に引きつけるものとなっている。特に、海外のテレビ文化がより成熟した娯楽文化であるという特質は、より多くの人々がストレス解消やリラックスに浸ることを可能にし、当時多くの視聴者が「アメリカのテレビドラマのように、息を飲むようなドラマがもっと画面にあればいいのに」と書き込み、「緊張した雰囲気の中で、気がついたら一晩経っていた」というようなことを語っている。

もちろん、肯定的な意見よりも、海外のテレビ文化が持つ潜在的なリス

[1] 王若望「電視劇—独立的視覚芸術（テレビドラマ－独立した視覚芸術）」『大衆電視』第6号、1989年。

クや、中国のテレビ文化に与えるダメージの可能性を反省する声の方が多かった。この中で重要なのは、文化エリートたちがテレビ文化の下地について繰り返し検討していることだ。それは、「真剣さ」に欠ける外国のテレビ文化は、人々の本当の精神的なニーズに応えることができるのか、また、「リアル」と勘違いしているテレビ表現は、より大きな現実の危機を引き起こすのだろうか、という点だ。前者については本稿で詳しく述べたが、後者については、80年代の海外のテレビ文化の見直しのほぼ全体に、この危機感は存在していた。例えば、『古都』や『台風クラブ』といった日本の作品に主演していた三浦友和が80年代にタバコのCMに起用され、放送された際に、当時のマスコミは、「子供が憧れる俳優の三浦友和さんがたばこメーカーの CM に何度も出演したため、喫煙する小学生が増えた」と、厳しく批判した。なぜなら、多くの小中学生のポケットにあるタバコは、三浦友和氏がCM出演していた銘柄だったからだ[1]。当時の大衆紙や業界紙は、外国のテレビの動向を報告し、評価するコラムの数を大幅に増やした。例えば雑誌『大衆電視』では、ほぼ毎号、「中国と海外のテレビ」「海外テレビの窓」というコーナーがあり、時にはそれ以上になることもあった。これらのコーナーでは、海外の新しいテレビ番組、ドラマ、ドキュメンタリーを紹介する以外に、海外のテレビ文化に対する評論家や視聴者の意見や考察を掲載することを主な目的としている。

5.2.2. アンテナとビデオテープ：二つの具体的なメタファー

近代化に関連したテレビの文化的実践において、日常的な物のメタファーは注目に値する。アンテナおよびビデオテープは、1980年代のテレビ文化のユニークな形態を構成している日常品なのだ。前者は海外のテレビ文化への憧れを、後者は海外ドラマが入手困難であることを反映している。

アンテナは、1980年代から1990年代の中国のテレビでより多く言及さ

[1] テレビダイジェストのコーナー「為香烟拍広告　三浦友和受譴責（三浦友和、タバコの広告で非難を受ける）」『大衆テレビ』第 7 号、1986年。

れた社会風景で、社会的な期待および社会問題を反映するものであった。1980年、『羊城晩報』は「『香港電視台』とその他」と題する記事を掲載し、香港のテレビ番組は「心の癌」であり、香港に隣接する広東省など中国本土の人々は、主に香港のテレビを見るために屋根の上に密集した「魚骨状のアンテナ」を設置したと指摘した。当時、広東省の都市部や農村部には「魚骨状のアンテナ」が普及したが、香港のテレビのコンテンツには門戸が開かれていなかった。その結果、この自然発生的な市民と海外テレビとの接触をなくすために、各地で消防車が高所作業に入り、「魚骨状のアンテナ」を撤去することになっていた。しかし、昼間に解体して、夜間に新たに設置するという行為は、当時の海外のテレビ文化の魅力、特に新しくて「未知」であった部分の魅力を物語っている。もちろん、このような状況は普遍的なものではなかった。その主な理由は、第11期中国共産党中央委員会第3回全体会議後に改革開放が実施され、深セン、珠海、厦門、汕頭の経済特区に大量の外国資本が集まり、より多くの外国のテレビ文化に触れる機会が増えたからである。

ビデオテープレコーダー（VTR）の隆盛は、それに伴うテレビ文化の隆盛の具体的な結果でもあった。テレビ受信が遅れている地域や、テレビ電波が届いていない地域が多かったため、テレビ放送をビデオテープで補完する過渡期があった。例えば、1970年代後半、新疆の視聴者は、北京までテレビを見に行き、テープを新疆に持ち帰って放送しなければならなかった。ローカルニュースにしても、技術が発達していないため、撮影して北京などに送り、現像して、また戻って放送しなければならなかった。そのため、最低でも一週間の時間が必要であった[1]。番組の伝送効率が悪く、放送されるコンテンツの量も限られているため、ビデオを見ることは、テレビを通じて間接的に想像力を確かめるための重要な日常的メカニズムでもあったのだ。1980年代前半には、テレビと一緒にビデオデッキを買って、

[1] 劉習良編『中国テレビ史』北京：中国ラジオ・テレビ出版社、2007年版、157頁。

店で映画を借りてきてテレビで見るという家庭が多かった。テレビの視聴者が、テレビで放送される番組のつまらなさに不満を抱いている間に、新しい大衆文化娯楽ビジネスであるビデオマーケットが全国の市や町で静かに立ち上がり、映画との関係で急速に力をつけていったのである。沿岸部の開けた田舎町では、若者の文化消費の場として人気を博したほどだ[1]。

「ビデオブーム」の背景には、特に視聴シーンにおいて、1980年代の人々の「テレビブーム」の高まりに対する代理的な満足感があったが、もちろん、当時すでに豊富にあった海外のテレビ文化の成果に対する人々の憧れや切望、自分たちとは異なる社会の風景や近代化の過程を見たいという欲求、そして地元のテレビ文化がどのように現実を構築し、社会の発展に介入しうるかという期待をさらに表明するものであった。

5.3「伝統」への回帰：「中国のテレビ文化とは何か」をめぐって

ポップカルチャーかシリアスカルチャーかといった議論や、中国のテレビ文化に外国のテレビ文化が関わっているという考察にせよ、1980年代の「文化としてのテレビ」の言説は、「中国のテレビ文化とは何か」という、より根本的な問いを指し示していたのである。このことは、合理的で反省的な1980年代に多くの社会的議論を呼び起こした。こうした議論は、まだ「筆での論戦」のような鋭いものではなかったが、ゆっくりと持続的な形で社会レベルの大きな関心を呼んだ。

1980年代のテレビ文化論は、伝統文化に焦点を当てたテレビ番組が大量に出現し、大規模な議論が展開されたことに社会文化的根拠があり、他方で、テレビ文化論において「伝統」が構成力としてどのように作用し、それに見合う社会的インパクトをもたらしたのかといった内容だった。これ

[1] 東之「憂喜参半話録像（ビデオに関して、喜びもあり、心配もあり）」『大衆電視』第10号、1989年。

は、「中国のテレビ文化とは何か」という議論の中で注目されている問題の一つである。

それは、テレビドラマ文化が全面的に台頭した場合、「伝統」への回帰という理念がそのまま中国ドラマの制作と普及に投影され、「国劇」という特殊なジャンルが生まれ、国産ドラマの独占的な美的・文化的意味合いを強調する意図を持っていたのである。例えば、1980年代に相次いでテレビ画面に登場した中国四大古典文学シリーズは、その粗雑な制作技術にもかかわらず、中国人の集団的美学教育として深い意義を持っていた。さらに、1985年に放送されたテレビシリーズ『新星』『四世同堂』は、井戸端会議で「千家が李向南を語り、万人が小彩舞を習う[1]」という活況を呈したのであった。1980年代、一般的に国劇ドラマの制作規模は限られていたにもかかわらず、数多くのテレビ名作が残され、公式・非公式の場で熱い議論が展開された。特に、1980年代に起こった「文学名作のテレビ化ブーム」がそうである。山東テレビの『水滸伝』に始まり、中国テレビドラマ制作センターが『西遊記』『紅楼夢』を、福建テレビがドラマシリーズ『聊斎』を、南と北が競って『三国志』を、上海テレビが『封神榜』を、そして、『春蚕』、『四世同堂』、『家春秋』など、近代文学の名作を題材にした作品が相次いで撮影された[2]。国劇ドラマの「伝統ブーム」は幅広い影響を与え、古典文学への敬意と編集の慎重さによって、これらの創作物は高い文化性と啓蒙性を持ち、その後、中国のテレビ芸術が産業化と消費主義の道を急速に進むにつれ、その繁栄に戻ることは難しくなっている。

同時に、「伝統」への回帰の社会的影響は、1980年代のテレビ美術・文学の隆盛にも見ることができる。例えば、中央テレビの春節連歓ガーラは

[1] 李向南はテレビドラマ『新星』の男性主人公、小彩舞はテレビドラマ『四世同堂』の主題歌を歌ったアーティスト、駱玉笙の芸名である。

[2] 志明「荧屏上的『名著改編熱』（テレビにおける『古典文学名作ブーム』）」、「当前電視劇創作生産中的幾個問題（現在のテレビドラマ制作におけるいくつかの問題点）」『大衆電視』第 6 号、1989 年。

中華民族の文化的伝統に根ざし、中華社会の集団的感情に向けられており、中華社会の家族や民族の共同体意識を結びつける重要な文化的手段となったのである。1980年代の春節連歓ガーラは、テレビという技術形式の制約が多く、まさに「お茶会」であった。しかし、そのようなシンプルで気取らない方法であっても、人々の共感を高いところに押し上げたのである。CCTVの第1回春節連歓ガーラは 1983 年に開催され、1980年代半ばにはすでにガーラの目的と形式について、またガーラから中国のテレビ文化の他の構成要素について活発な議論が行われ、「中国のテレビ文化とは何か」についての議論の重要な一部を形成していた。中央テレビの春節連歓ガーラについては、具体的なテキスト形式や芸術表現というミクロのレベルではさまざまな見解があるが、どのように検証し、賞賛し、批判しても、その多くは、中央テレビの春節連歓ガーラが春節の「必須品」であり、「伝統文化」の重要性を示しているという前提のもと行われている。よって、テレビ文化の構築には、「伝統文化」の影響が強いことがわかる。当時のある視聴者は、この一般的な世相を次のように表現していた。

> 80年代は、携帯電話もパソコンもなく、家族そろってテレビの前に座っているだけの時代だった。しかし、今のようにたくさんの形式上の制約もなく、最新の技術もなく、ハイテクな舞台装置もなく、多くの有名人がいない中で、お茶会形式で心温まる感動を与え、全国民に新しい扉を開くことになったのだ[1]。

これは、1980年代をほぼ貫く強力な社会的議論であった。クライマックスを見出すことは難しく、他の文化論議のような鋭さ、激しさ、集中力はなかったが、中国のテレビ文化に関するいくつかの基本的な問題は、この継続的で幅広い参加型の意見交換の中でさらに明確にされ、検討された。

---

[1] 「1983年央視第一屆春晚，還記得那晚的熱泪盈眶？（1983 年の第 1 回 CCTV 春節ガラ、あの夜の涙を覚えているか）」に参照。WeChat の公式フォーム「Media & Arts Watch」（https://mp.weixin.qq.com/s/ZbxSXAtMe38Xusg7AV57eg.）

もちろん、1980年代という特殊な時代背景は、この段階の中国のテレビ文化を安定的に固定的に前進させるのに十分ではなかったが、少なくともその後の中国のテレビの文化的進歩に一定の促進効果をもたらしたといえる。

第6章　テレビ文化のモダニティ要素：啓蒙精神と開放意識

1980年代の中国社会では、すでにモダニティの要素が数多く見られていた。中国のモダニティは、80年代のテレビ文化で表せるような領域ではないため、本稿では、中国のモダニティがどのようなものであるかについては、掘り下げない。むしろ、この段階でのテレビ文化の研究は、「中国モダニティ」を育み、影響を与えた文化的基盤や、テレビが次第に大衆文化として定着し、発言権を争う中で、社会の現代化に貢献した様々な思想や実践に関心が集まっている。

6.1 啓蒙の精神：反省、超越、構築

1980年代後半、中国のテレビがもたらした文化的影響について、視聴者の中にはこのようにコメントする人もいた。

> テレビによって、「世界を見る」ことが現実のものとなった…情報の更新と柔軟な思考がなければ、歴史的な改革も今日の改革も語れない…国土の面積が広く、交通の便も悪く、文盲の数が夥しく、長期の閉鎖を経て新しく開かれた貧しい我が国で、テレビは他のツールでは置き換えられない情報発信の役割を担っているのである…これは第11回中央委員会第3回全体会議以降、我々の社会生活に起こった激変である。一般の労働者、農民、知識人は、家から出ることなく、テレビを通じて、これまで見たことのない外の世界を見ることができるようになった。情報の更新の速さと情報が伝わる範囲の広さは、驚くべきものであった[1]。

[1] 陳氷「電視把人們帯進了新的天地（テレビは人々をフロンティアへ）」『大衆電視』第5号、1989年。

文化界において、テレビの社会的業績と影響力に基づくエリート文化という言説は、テレビ業界が文化的意味合いを持ち、社会的責任を担う役割を果たした。そのような中で、志向性、文化性、審美性を求められる中国のテレビは、あらゆる社会的言説と相互作用し、結果として上記のような「文化としてのテレビ」という顔をもつようになった。この顔の育成に関連する実践は、反省、超越、構築といったあらゆる側面において「文化」に焦点を当てた論理を示している。

文化エリートは、テレビ文化を考察し、超越し、構築する過程で、代表的な実践主体として、テレビに人々の日常生活を「耕す」ようにしながら、さらにモダニティを喚起するという独自のメカニズムも形成し、主に次の二つの側面を体現している。それは、支配的な社会的言説（特にエリート言説）の期待に応えるものであると同時に、自らの庶民的な文化を模索するものでもある。

一方、国民教育の重要な手段としてのテレビ教育は、1980 年代に始まった[1]。1979 年 2 月、中央放送大学は正式にテレビを通じて全国で授業を行い、1986 年には中国教育テレビ（CET）が正式に開始され、テレビの特殊な形態として、文化の伝播と知識の普及においてテレビが果たす独自の社会的役割が十分に発揮されるようになった。関連データによると、1979 年だけで放送大学の在籍学生数が 40 万人を超え、1980 年には中央テレビ局（CCTV）の教育番組が週 43 時間に達していた[2]。また、1980 年代の中国教育テレビの開始当初は、小中学校の教師養成、成人の高等教育、町村の職業・技術教育[3]向けであり、さらに都市部以外の農村、山岳地帯、少数民族の視聴者のための学習も含まれていた。このような「テレビ教室」の形

---

1 何天平・顔梅「文化類電視節目功能再審視（文化テレビ番組の機能再考）」『中国社会科学報』、2018 年 8 月 2 日。

2 劉習良編『中国電視史（中国テレビ史）』、北京：中国広播電視出版社、2007 年版、155-156 頁。

3 楊穠編『北京電視史話』、北京：中国広播電視出版社、2012 年版、75 頁。

態は、1990 年代以降、テレビ番組の充実とともに次第に少数派とされていったが、1980 年代の「テレビを見て学ぶ」ブームは、中国のテレビにとって特別な文化的風景を生み出した。テレビが人々に与えたものは、単純で消化する必要がない情報だけではなく、視聴者のさらなる思考や啓発を必要とする新しい知識であった。ある視聴者は「（次第に）テレビと視聴者の間に双方向コミュニケーションが必要であること、テレビを見るには頭を使う必要がある[1]」と話している。

また、「文化ブーム」と「美学ブーム」は、1980 年代の中国のテレビの名作を多く生み出した。これは、主に長編映画と連続テレビ小説の領域である（ただし、テレビニュースの「美学」についての意見もある）。もちろん、それはエリート言説によるテレビ制作の最も直接的な促進、すなわち文化水準の重視や文学性の強調にも現れ、今日でも古典作といえるテレビ作品を直接形成している。当時は、この 1980 年代のテレビの名作を批判する一般の視聴者も多く、例えば、「『紅楼夢』の混乱した恋愛模様の過剰な強調…（これらのシーンは）容赦なくテレビ画面から排除するべき[2]」と批判する視聴者もいた。しかし一方では、テレビと文化のより積極的な関わり方について、次のような前向きな見方をする人もいた。「『新星』、『紅楼夢』の放送後、新華書店では文学原作の売り上げが過去最高となった。近所の中学しか出ていない人が、同名のテレビドラマを見て、突然『秋海棠』の原作を借りはじめた[3]」。この一般大衆からの「反省」と「夢中」は、1980 年代の中国のテレビ文化の超越と再構築のための重要な源泉となった。

---

[1] 視聴者のコーナーからの手紙：「請給観衆留下思考的空間（視聴者が考える余地を残して欲しい）」『大衆電視』第 3 号、1987 年。

[2] 「テレビドラマ『紅楼夢』の失敗」『文芸争鳴』第 4 号、1987 年参照。

[3] 王鴻飛「願電視與文学終成佳偶（テレビと文学がいいパートナーになれますように）」『大衆電視』第 4 号、1988 年。

6.2 意識の開放：テレビから外の世界を見る

1988年、人民日報は「テレビ文化評議」という論評で、テレビは家庭文化の延長であり、さらには社会文化の集約であると指摘し、テレビによって人々は、社会生活に直接的・間接的に参加することで、国民の思考、資質、感情、習慣、美意識の発展に関わってきた[1]と、発表した。改革開放の流れの中で、テレビは徐々に人々が家庭を開放し、社会を受け入れるための重要なシンボルとなり、テレビをつけることは、人々がテレビの中の広い世界を見るチャンスを得たことを意味するようになったのである。

テレビにおけるこの開放的な感覚は、まず中国と外国のテレビ作品の頻繁な流入に反映された。1980年には、中央テレビ（CCTV）と日本放送協会（NHK）が大型テレビ番組『シルクロード』を共同制作し、中国と外国のテレビ組織の映画製作における友好関係の先駆けとなり、中国における大型テレビドキュメンタリーシリーズの始まりともなり、国内外でポジティブなインパクトを与えた[2]。中国国内でのヒットに加え、日本での放送では最大 20%の視聴率を獲得し、日本の視聴者からは「毎月第一月曜日の夜は『シルクロードナイト』で、まるで中国の西域を旅してきたかのような雰囲気[3]」と評価された。また、テレビを利用した交流・対話の活発化は、1980年代に徐々に一般化し、「台湾省の三つのテレビ局が、アメリカ、イタリア、ドイツ、オーストラリアがそれぞれ中国本土で制作したドキュメンタリーを放送し、すぐにテレビ局の視聴率が50%以上あがった。外国人が制作する中国の風景や現状を反映したドキュメンタリーは、絶大な人気を誇っている。」という報告もあった[4]。もちろん、マイナス効果もあった。

1 洪民生「電視文化漫議（テレビ文化評議）」『人民日報』、1988年7月5日。

2 裴玉章「『絲綢之路』是一次成功的対内対外宣伝（『シルクロード』は国内外の宣伝に成功した）」『北京広播学院学報』第1号、1982年。

3 「絲綢之路轟動日本（シルクロードは日本で大ヒット）」『大衆電視』1981年7月号参照。

4 「台湾省観衆熱烈收看反映大陸生活的電視片（台湾省の視聴者は大陸の生活を反映したテレビ番組を熱心に視聴する）」『大衆電視』1981年7月号。

例えば、海外翻訳ドラマの大量流入は、国民の文化・娯楽生活に多くの選択肢をもたらす一方で、テレビ局と視聴者の双方に「西洋文化にどこまで心を開くことができるか[1]」という質問が浮上した。『特攻ギャリソン・ゴリラ』が12回で「放送中止」したことは、上記の「疑問」を反映した一例であった。1980年代末になると、中国のテレビで海外ドラマが紹介されることが多くなり、それらは概して視聴者に求められ、愛されるようになった。これらの輸入ドラマは、大手テレビ局の間で視聴者の関心を引くための重要な交渉材料にもなっている。「地方チャンネルは省チャンネルと競争しなければならない、香港のアクションドラマや日本の恋愛ドラマなどを挙って放送し…競争するために海賊版を放送することまでしている[2]。」

もちろん、テレビ業界の「開放」や、人々の文化的視野の「開放」を、我々は、考えなしに選択したわけではない。1980 年代のエリート言説の世話になりながら、主流文化は概してテレビの社会的責任を監視する明確な感覚と、「開放性」の理解に対するある種の批判的反省を示し、それはテレビ文化に対するもう一つのレベルの思想的・概念的「開放性」を構成していたのであった。このことは、すなわちテレビ文化を変革し、クリーンなテレビ環境を促進するという目標を構成しているのである。一方では、「開かれた」テレビとより広い社会的視野の間で、視聴者は単なる受け手ではなく、判断し選択する主体性を持つことが認識されたのである。当時の解説では、1980年代の中国のテレビの社会学的な特徴を探り、「視聴者にとってのテレビの価値は、すべて『電源スイッチ』に関わっており、視聴者がテレビの「スイッチ」を喜んで入れる場合にのみ、テレビの価値が存在するのである[3]」と指摘している。また、テレビを視聴する過程では、

[1] 郭鎮之『中国電視史（中国テレビ史）』北京：中国人民大学出版社、1991年版、174頁。

[2] 張峰「荧屏大戦—関於電視台節目播出糾紛的報告（テレビ画面の戦争－テレビ番組の放送をめぐる紛争についての報告）」『大衆電視』第5号、1989年。

外国文化と現地文化の関係が長年にわたって議論されてきた。例えば、「スマーフ」、「ミッキーマウスとドナルドダック」などは海外のアニメ映画であり、国内の子ども向けテレビ映画をより充実させるように呼びかけられた[4]。

---

[3] 顧暁鳴「電視劇的“開関”在観衆手里（テレビドラマの『スイッチ』は視聴者の手にある）」『大衆電視』第1号、1987年。

[4] 視聴者からのお便りコーナー「別忘了孩子們（子どもたちを忘れないで）」『大衆電視』第7号、1989年。

第7章　1980年代のテレビ文化における社会的言説の構築

1980年代の中国のテレビ文化の形成は、国民の新しい生活様式の到来を意味し、出現した特定の文化秩序は、テレビのダイナミックな準社会的関係構築を支えるものでもあった。家族生活の変容から始まって、中国のテレビの言説的実践は次第に、それ自身固有の社会的・文化的再生産メカニズムを作り出そうとし、それまで他のマスメディアが持っていなかった、家族を含む様々な社会単位や社会集団への配慮を作り出したのである。

データからも、1980年代の社会的言説を構築する上で、台頭した中国のテレビ文化は、多大な影響を及ぼしていることを反映している。関連資料によると、1980年代初め、中国全国 29 の省、市、自治区にある 25 の省放送局が独自のラジオ・テレビ新聞を運営していたが、そのほとんどは改革開放後に立ち上げられた[1]。旧中央放送局の「ラジオ・テレビ番組新聞」で、発行部数は100万部にものぼった。さらに、「テレビ新聞」と「ラジオ新聞」分割後は、「テレビ週報」だけで 200万部以上、発行部数も各都県で数十万部から数百万部に及んだ[2]。ラジオやテレビ新聞は、情報源が比較的少なかった 1980年代に、「テレビを見る」人たちがテレビ番組を知るための重要な窓口として、毎日のテレビ放送の情報を提供し、社会に貢献することを目的としていた。ラジオやテレビ新聞の購読者数が増え、カバー率は高まっているのは、テレビという日常的な文化に深く関わる視聴者が増えてきたことの表れである。

[1] 『広播電視節目報（ラジオ・テレビ番組新聞）』は、1981 年に『広播節目報（ラジオ番組新聞）』と『電視周報（テレビ番組週刊新聞）』に分割された。

[2] 天涯「雑談広播電視節目報（ラジオ・テレビ番組新聞雑感）」『大衆電視』第11号、1982 年。

1980年代、中国のテレビは大衆の日常生活において「無から有へ」となり、支配的な情報メディアから日常生活に深く根ざした強力なメディアとなった。そこで、より一般的で広い社会状況に根ざした1980年代の中国のテレビとは何か、どのような価値があったのかを検討したい。

7.1 イデオロギーとしての言説：協調機能を持ったテレビへの規制

1980年代、中国のテレビ文化は、一方で「真の美学」を構築し、「民衆に喜ばれること」がテレビ文化を評価する究極の基準となっていた。これはテレビのクリエイティブなアプローチや形態[1]だけでなく、中心的な価値観も反映されている。また、文化は、さまざまな社会現象、問題、状況を正確に反映・再現し、さらに「可能ならば、さまざまな社会矛盾を批判的に反映すべきである」という価値の核心を強調するものであった。そして、大衆文化としてのテレビ制作は、改革開放以降、社会生活や知的文化領域で解放された自由から、その社会的影響が見え始めていた。一般大衆にとって、世俗的な意味での幸福な生活の追求や自由の推進は、もはや日常のタブーではなく、次第にその正当な解釈を見いだすことができるようになったのである。もう一方で、この真の美学はまた、強い社会的統制の中に高度に統合されており、エリート言説が極めて強く、開放的であった1980年代においても、中国のテレビの発展には、テレビ産業に対する国家の規制という力が存在した。すなわち、宣教的な機能と思想的な働きを持つ中国のテレビは、単に「自由と美の世俗的なビジョン」ではありえないのである。この時期の文化的・エリート的言説と国家的言説の間の緊張は、イデオロギー的言説のより具体的なメカニズムのいくつかをも形成していた。

1970年代末から1980年代初めにかけて、中国の有名歌手李谷一がテレビシリーズ『三峡伝説』の中で歌った「田園の恋」という挿入歌は、これ

[1] 例えば、観客は俳優の痕跡をあまり求めない、方言の使用を奨励する、自然光を多く使用するなど。

までの革命歌のスタイルを変えたことで、多くの浮き沈みを世間に見せていた。好評を博した一方で、多くの文化人エリートから「退廃的なサントラ」「若者を堕落させる罪人」などと批判された。面白いのは、こうした厳しい批判を世間はあまり気にせず、高い人気を誇るこの曲を支持し続けたことで、テレビ文化に対する社会のコントロールが交渉可能な部分であることを反映しており、「一度決めたら揺るがないもの」ではない証になっている。当時の規制の力は、テレビ文化のより大きなダイナミズムを、ある程度抑制していたが、テレビにおけるイデオロギー言説は、特に社会史の新しい局面を迎えたばかりの 1980 年代の中国社会において、かけがえのない重要な役割を果たし続けていたのであった。より肯定的な例としては、中央テレビの『ニュースセブン』開始後の継続的な入れ替えにより、国家の言説と大衆の言説の調和を常に模索していたこのテレビニュース番組が、最終的に比較的適切かつ安定した社会的地位を見出すことができたことがあげられるだろう。例えば、1986 年に北京で行われたテレビニュースの視聴調査から、「当時の『ニュースセブン』は、視聴者の興味のない内容が半分近く占めている[1]」という結果が出ている。すなわち、当時の『ニュースセブン』の編集チームリーダーが、視聴者にとって最も興味深い国内ニュースは、時事問題や官僚の不正行為の暴露であり、建設実績や工業・農業生産、特に会議に関するニュースに対しては、強い関心がないことが分かったのだ。そこで、プログラムチームは、調査結果を受け、コンテンツの編成戦略を調整した。当時、政治的プロパガンダの番組の一部は、多くの複雑で難しい状況を経て、世論を誤導していたが、1989 年の「天安門事件」では、人々に『ニュースセブン』の強い安定性と信頼性を示した。また、『ニュースセブン』は 30 分から 1 時間以上に延長され、1 日に十数回の放送をしており、大きなニュースがあればいつでも即時に放送ができ

[1] 李海明「『新聞聯播』節目的改革（『ニュースセブン』番組の改革）」『中国広播電視年鑑 1987（中国ラジオ・テレビ年鑑 1987）』、320 頁。

る番組だった。テレビニュースは、人々が状況を理解する上で最も重要なチャンネルの一つになっていたのだ。また、「混乱期」には、『ニュースセブン』は国民が安心感や情報を得るための重要な参考資料となり、事態の安定と事実関係の解明に大きな役割を果たし、中国共産党と中国政府の声を伝え、世界の出来事を発信するという、重要かつ不可欠な社会的役割を担っていると中国共産党の指導部から高評価を得ている[1]。

一方では、テレビドラマや映画の分野において、1980年代の中国のテレビで、外国のテレビ文化の導入規制が常に話題となった。そのような中で、『特攻ギャリソン・ゴリラ』の放送中止は、世間を騒がせた。番組を楽しみに見ていた多くの視聴者は、「不適切だ」「人々の日常生活を著しく阻害する」と抗議した。しかし、社会統制の観点からは、この番組は「未成年に影響を与えかねない」という間違った方向性や価値観を持っているとされ、この問題を反映した視聴者からの書き込みもあり、「『特攻ギャリソン・ゴリラ』を見た多くの中学生が学校に行かなくなり、いわゆる『特攻ギャリソン・ゴリラ』のような特攻隊を作り、その結果犯罪に走る者さえいる[2]」という意見もあった。

また、1980年代、テレビ総合ドキュメンタリー『河殤』の議論では、テレビ指向の問題の重要性とその背景をより視覚的に見ることができる。「河殤現象」は、一部の文化人たちによって具体的に探求されてきたことが、次の文章から読み取ることができる。

『河殤』は、改革開放時代の大きな社会問題に触れ、強い反響と激しい議論を呼び起こしたが…『河殤』そのものも、それが生み出した思想的波紋も、文学や芸術の域をはるかに超え、「河殤現象」となっている。単な

[1] 穆暁方「中央電視台発展概況（中央テレビの発展概況）」『中国広播電視年鑑1990（中国ラジオ・テレビ年鑑1990）』、39-41頁。

[2] 劉力、「要重視電視劇的社会效果（テレビドラマの社会的効果を重視すること）」『大衆電視』第８号、1982年。

る文芸現象ではない…また、「中国の歴史と文化に関する一般的な考察と思想的要素を第一に、文化的・哲学的観点から黄河を把握する試み」を目的としながら、青い文明（＝資本主義）を標榜する『河殤』は、中国の国家エリートが1世紀半にわたって中国文化について一般的に考察してきた成果とは言い難く、学術界や知識人の間で議論が起こり、『河殤』は、批判を浴びることになったのだ[1]。

観念や思考がさらに解放された1980年代を通じて、「イデオロギーの容器」としてのテレビの社会的効果は、かえって想像力の次元と層をより多く解き放つことになった。しかし当時は、大衆文化としてのテレビの本質から外れた社会的言説の提示を求めるなど、思想活動の展開と大衆の文化的要求との間にはしばしば矛盾があった。たとえば、テレビドラマが「精神を高め、習慣を変え、四つの現代化に専念する」という役割を果たすと期待されていたのだ。（この革命的な言説自体が、1980年代のイデオロギー的な傾向と対立するものであった。）また「罪を犯した少年が、世の中の役に立つドラマを見て更生すること[2]」という願いが込められていたが、基本的にはやはり業界全体がより良い方向に発展することを目的としていたのだ。また、1980年代には、テレビという未熟な文化産業に対して、たとえささやかで限定的な範囲であっても、多くの視聴者が抵抗を示したが、その影響は広範囲に及んでいたことも注目に値する。例えば、テレビ業界に転職する映画俳優が、絶えないのは反省すべき点であり、「テレビが手っ取り早く儲かるからといって、参入したり撤退したりできる市場として扱うべきではないが、テレビドラマを芸術と思わない人間は、芸術家にな

[1] 戚方「対『河殤』及其討論之我見（河殤とその考察について）」『求是』第8号、1988年。

[2] 劉力「要重視電視劇的社会効果（テレビドラマの社会的効果を重視すること）」『大衆電視』第8号、1982年。

[3] 駱青原「銀幕不留屏幕留（映画にない魅力がテレビにあり）」『大衆電視』第6号、1987年。

[4] ソープオペラ（soap opera）とは、アメリカで生まれた言葉である。当時は、主婦層をターゲットとした、都市部の中・上流階級の人々の生活を描くドラマが多く、スポンサ

る資格はない[3]」という批判があった。さらに、「ソープオペラ[4]（昼ドラ）」は、日常生活に根ざしているが、文化的な意義に欠けていると批判する人もおり、この「見たいが良いと思えない[5]」のような現象は注意が必要であるとされている。また、ラブシーンが「下品」で「露骨」すぎると批判し、テレビの社会的機能を問う人もいる。「本では感じられない美学をテレビから『読み取る』ことを期待する[6]」というコメントも寄せられた。以上のことは、その後数十年の間に、中国のテレビ業界の発展における重要な問題にまで発展し、業界の注意を払うべき問題になったのである。早くも1980 年代に現れたこのようなテレビ文化の見直しは、「先見の明があった」と言えるのではないだろうか。

7.2 大衆文化としての言説：視聴者の意識と「消費者主義」の出現

1980年代の中国のテレビ業界の新しい変化は、「消費」という適切なネーミングに視覚的に反映され、テレビ広告のデビューを飾った。地方から中央までテレビコマーシャルが次々と放送され、テレビが消費文明の意味の生産に関与することは、スクリーン上の新しい現象になった。もちろん、80年代はテレビ全般がまだ産業的な性格を帯びておらず、テレビ広告の主な目的は、局づくりのための資金配分が十分でない状況に対応するためであった[7]。テレビ広告の実質的な効果は、テレビ局の経営危機を解決しただけでなく、「テレビは何億という消費者のためのもので、生産者のためのものではない[8]」ということを認識させることである。中国のテレビが

ーのほとんどが石鹸やシャンプー、洗濯用洗剤のメーカーであり、主に昼間の時間帯に放送されたことから、この呼び方が生まれた。

[5] 黄建飛「話説肥皀劇（ソープオペラを語る）」『大衆電視』第5号、1989年。

[6] 葉文玲「希望有所得（糧になる希望）」『大衆電視』第11号、1987年。

[7] 常江『中国電視史（1958-2008）(中国テレビ史（1958-2008）)』北京：北京大学出版社、2018年版、142頁。

[8] 郭鎮之『中国電視史（中国テレビ史）』北京：中国人民大学出版社、1991年版、141頁。

本当の意味での「視聴者意識」を持ち始め、民衆のためのコミュニケーション・ツールとしての考えを発展させたのは、ここからだと言える。

また、テレビにおける視聴者意識は、テレビ広告に反映されるだけでなく、当時のテレビの商品性についての初期認識にも反映されていた。先に述べた『アトランティスから来た男』や『特攻ギャリソン・ゴリラ』の人気に加え、中国ではもう一つの日本のテレビドラマ『赤い疑惑』が放送され、「幸子衣装ブーム[1]」の時期も長く続いた。これをヒントに新しいアイデアを開発できないかという起業家の視聴者からの次のような書き込みがあった。

> テレビを見る起業家は、視聴者の心理を理解し（起業家自身も敏感な視聴者でなければならない）、「幸子モデル」の服や帽子やドレスをデザインし、模倣して市場に出すことが、消費者のニーズを満たすと同時に、ビジネスの経済効率を高めることになる…いまや「大島茂モデルのブリーフケース[2]」のブームもあるので、あの人気商品をきっかけに、経済の活性化や商品生産の発展が期待される[3]。

また、1988年に開催された上海テレビ祭でも、テレビの市場潜在力が反映された。ラジオ・テレビ機器展では総額 170 ドル以上、番組展では108本のテレビ番組、合計 1000時間近くが売れ、そのうち輸出部分が半分以上を占め、アメリカのサイモン社、ドイツテレビ、シンガポール放送がそれぞれ中国のテレビ長編、ドキュメンタリー、テレビシリーズを購入したという。このイベントは、東西のテレビ文化の協力と交流の架け橋となり、中国のテレビ番組を世界に開放しただけでなく、テレビ番組の商品、ビジネス、価値、競争という概念を再確認し、文化的、精神的な特殊商品として、

---

1 『赤い疑惑』のヒロイン、大島幸子の着こなしを参考にしたもの。

2 『赤い疑惑』の登場人物、大島茂が使っていたブリーフケース。

3 「視聴者コーナー」からのお便り「従『幸子服装熱』到『大島茂公文包暢銷』（『幸子の衣装ブーム』から『大島茂のブリーフケースブーム』へ）」『大衆電視』第4号、1985年。

国内外の市場取引において独自の商品価値を実現する可能性と必要性を認識することができたのだった[1]。

ここにきて、テレビと消費の関係の再検討が徐々にテレビ文化の基本的な展開を理解するための重要な糸口となり、テレビの消費主義への批判が早くも1980年代から顕在化した。当時の視聴者、特に文化エリートは、テレビの消費者性がその文化的機能の発揮に大きく影響するとの態度をとっていた。例えば、1980年代を通じて最も多くの論争と批判を浴びた1985年のCCTV春節ガーラでは、「時間が長く、低レベルで、パフォーマンスが下品…広告が多すぎて魅力がない。30分近い広告が冒頭に来て、6時間以上のガーラのほぼ 4分の1は賞品の当選発表に費やされ、様々ないわゆる『着電』も広告宣伝ばかりでつまらない。[2]」。さらに、80年代後半に流行した名言「金持ちになりたいか？ならば、テレビ番組を作れ[3]！」といった、多くの批判があった。中国初の連続テレビドラマ『敵陣での18年』もこのようないわゆる「生産効率」の盲目的な追求が原因で、当時、王扶林監督や撮影班が多方面から批判され、物議を醸した。王福林は当時、「一方的なスピード追求の指導思想の下で、多くの作品が『速い』ことに満足していた...（『敵地十八年』）制作チームは、春節の放送開始を目指し、時間に追われて鼻息荒くなり、デスクワークや脚本のコメントを広く吸収するという必要な側面さえも絞り込まれてしまった」と述べている。[4]

7.3 現代化としての言説：テレビ生活における現実と想像

1980年代は、中国社会にとって新旧の劇的な転換期であった。テレビに

[1] 東之「開辟電視節目市場勢在必行—88上海電視節有感（テレビ番組市場の開放は必須——1988年上海テレビ祭に思う）」『大衆電視』第1号、1989年。

[2] 視聴者からの手紙、中央テレビ『電視週刊』第10号、1985年。

[3] 趙志明：「這種局面該結束了—関於提高電視劇質量之我見（そろそろこの状況に終止符を打つべき—テレビドラマの品質向上に関する私の意見）」『大衆電視』第 8 号、1989年。

[4] 王扶林「電視劇及其様式（テレビドラマとそのスタイル）」『北京広播学院学報（北京放送学院紀要）』第1号、1982年。

よる不確実な社会の近代化の描写には、二つの基本的な意味合いがあった。第一に、テレビは市民的で生活的なメディアであり、その最大の特徴は庶民の日常生活に向けられていることであった。したがって、テレビの物質性の高さとメディアとしての使用状況そのものが、社会の近代化の度合いを具体的に投影するものである。第二に、テレビが再現する日常生活は、無差別に映し出すものではなく、そこには、価値観や「現代」への憧れ、ビジョンが埋め込まれているのである。放送されるかどうか、その質が良いか悪いかは、社会の「メインストリーム」に対する認識にも影響を及ぼすことである。この時期のテレビ文化が提唱した「日常生活の美学」とは、要するに、テレビコミュニケーションと視聴者の関係を、日常生活への影響を最大化するという観点から、大衆性と反省の双方に基づき、絶えず校正していく社会的プロセスなのである。

1980年代のテレビそのものの近代化は、かつての「現実」を知る上で興味深い手がかりとなる。先に述べたように、基礎となる技術（機器）の普及、すなわちテレビの物質面の整備は、1980 年代を通じて、さらには 1990年代に入っても不完全な「近代化」であった。一般大衆が区別なく平等にテレビにアクセスできるようにするためには、一朝一夕にはいかない。例えば、1980年代の都市部と農村部のテレビ生活を考えてみよう。この時期のテレビは習慣や日々のスケジュール感を醸成するものではあったが、都市部と農村部の格差は大きく、大都市は別として、ほとんどの農村部や山間部、あるいは遠隔地では 1980年代には（家庭用という意味で）テレビの魅力を十分に体験することはできなかったのである。関連データによると、1986年、中国のテレビ保有世帯の 83.5%が定期的または毎日テレビを見ており、「朝はラジオを聞き、昼は新聞を読み、夜はテレビを見る」という習慣が身についた[1]。さらに別の調査によると、国全体の40%弱を占める都市部の人口は93%がテレビに接しているのに対し、より大きな基

[1] CCTV編集長室視聴者連絡班「中央電視台全国28城市受衆抽様調査分析報告（28都市におけるCCTV視聴者サンプリング調査分析報告書）」、『中国広播電視年鑑1987（中国ラジオ・テレビ年鑑 1987）』、460-471頁。

盤を持つ農村部のテレビ所有人口は30%に過ぎず、その視聴者は国全体の約37%である[1]。農村や山村などの遠隔地では、農民はテレビを集団的かつ徹底的に利用するのが一般的であるのだ。「お金があれば、まず家を建て、それからテレビを買う」というのが農村生活のイメージで、テレビは富の象徴であり、「農民は一般的に新聞を読まないのに、テレビ新聞は購読する[2]」とさえ思われるのだ。一方、これらの地域では、テレビの電波が届きにくいという問題がある。中央局の信号が衛星やマイクロ波を経由してくるため、基幹局だけではテレビ信号の中継が難しく、中電力の中継局でも地形の良い地域では数十キロメートルしかカバーできず、それ以上の距離では構成のためにさらに小さな中継局を建設しなければならないという問題も抱えていた。1988年の調査（表7.1参照）によると、都市部と農村部のテレビ普及率にはまだ大きな差があり、統計ではまだ世帯所有と集団所有を区別していないため、ほとんどの農村部では家庭用テレビに関して未知の部分があるという。

表7.1 1988年中国におけるテレビのカバー率と平均値（%）[3]

地区類別		カバー率	平均値
富裕	都市部	98-100	99.5
	農村	96-100	98.5
普通	都市部	40-100	92.0
	農村	20-100	54.0

[1] 梁暁涛「中央電視台全国電視観衆抽様調査分析報告（CCTVの全国テレビ視聴者サンプル調査の分析報告）」中央テレビ『電視業務（テレビ業務）』第3号、1988年。

[2] 艾知生「関於山区広播電視建設的考察報告（山地におけるラジオ・テレビ建設に関する研究報告）」『中国広播電視年鑑1989（中国ラジオ・テレビ年鑑1989）』1989年、325-326頁。

[3] 中国共産党中央委員会宣伝部・ラジオ映画テレビ部合同調査グループ「不発達地区農村広播電視調査綜合報告（過疎地農村ラジオ・テレビ調査総合報告）」『中国広播電視学刊（中国ラジオ・テレビ学術誌）』第1号、1989年。

貧困	都市部	40-100	64.0
	農村	8-50	27.0

中国のテレビは当初、1980年代に「ゼロから」の状況を解決したが、質の高いテレビ視聴（端末とコンテンツの両方の意味で）の可能性は、中国社会全体にとってまだ完全に普遍的ではなく、大きなアンバランスさえあり、この近代化自体に、まだまだ伸びしろがあった。後者の「想像力」は、主にテレビ文化が提示する社会発展像に対する批判と反省、そして「どのようなテレビ文化が必要なのか」についての考察が、人々の近代化に対する想像力と一緒に反映されたのであった。例えば、テレビ芸術の大衆性について、1980年代には多くの視聴者が「視聴率の高い作品の多くは『わかりやすい』ドラマだ」と指摘し、映画『黄色い大地』の影響を受けたテレビドラマの中には、ロングショットや風景ショット、メタファー的なショットを多用し、一般的な視聴者には退屈で複雑すぎる[1]」。また、生活に密着するということは、仮定の描写ではなく、現実の問題を抱えた実生活を志向しなければならないと指摘する人もいる。「画面にはいつも広い家や豪華な居間が登場し、セリフも哲学的で、これは現実ではない[2]」という意見や、「現代の若者の生活を映し出すドラマの中で、ディスコはいつも不良のたまり場だと結び付けられ、一方、進取の気性に富んだ若者たちは『精神的に豊かで物質的には貧しい』ものとして描かれることが多いのはなぜだろうか[3]」という意見が寄せられた。

また、革命期の言説は、善悪の区別をあまりに単純化する傾向があり、それは社会のあり方とは異なることを、視聴者はテレビ画面から徐々に理解し始めたのである。このようにテレビ上の典型的な物語から抜き出した

[1] 視聴者のコーナーからの手紙「好電視首要是看得懂（良いテレビはまず見て理解すること）」「太深沉的荧屏（テレビは深すぎる）」『大衆電視』第9号、1988年。

[2] 李湘樹「平易―生活的詩意（平凡―人生の詩）」『大衆電視』第11号、1989年。

[3] 蕭箭「電視芸術要有現代意識（テレビ芸術は現代的な意識を持つべき）」『大衆電視』第7号、1989年。

ことで、「紆余曲折なストーリーや人間の持つ多面性が、人々がテレビを楽しむ新たな動機となった[1]」とも言えるだろう。すなわち、1980年代後半のテレビ画面は、さまざまな西洋のモダンな風景と、中国の社会生活の変容を映し出して、人々の生活に新しい扉を開いたのだ。しかし、このような人生の多面性、人間の豊かさの描写は、あらゆる種類のテレビのテキストに具現化されたわけではないのだ。一方では、テレビという新しいマスメディアに、80年代の啓蒙的な言説が染み込んでいた。そのため、テレビには強い批評性と反省性が求められていた。それは、テレビが大衆に伝えること自体が、強い文化や価値観に裏打ちされたものでなければ、大衆に通用しないことに反映されている。1980年代の影響力のあるテレビアニメを例にとると、『鉄腕アトム』、『ミッキーマウスとドナルドダック』など視聴者の注目を集める作品が海外から輸入されていたが、『瓢箪兄弟』、『黒猫警視長』、『ラタちゃんの驚くべき冒険』など中国国産の良質アニメ作品が多く、それ以降の数十年他に類を見ないハードな語り口で、当時の若者たちに豊かな人生の知恵と確かな価値観の核を届けたのだ。そして、アニメに限らず、1980 年代はテレビと子どもに関する議論が盛んに行われた時代でもあり、1980 年代を通じて、子どものテレビ視聴（および使用）に関する道徳・倫理を探る試みが数多く行われた。例えば、「喫煙は子供の誤解を招くのでテレビで見せるべきではない」「子供向け映画の上映時間が遅すぎて、親のしつけの妨げになる」「子供向けの科学的な専用放送時間を作ってほしい」という声が上がり、子どものテレビ視聴を規制する「11のルール」をまとめるまでに議論が過熱した[2]。番組の健全度ランク体系の導入、家庭教育の組織化、青少年の指導など、より「近代的」な考

[1] 孫秋雲他『電視伝播與郷村村民日常生活方式的変革（テレビコミュニケーションと農村住民の日常生活の変化）』北京：人民出版社、2014年版、15頁。

[2] 『大衆電視』の「視聴者からの手紙」コーナー「子どものことを考えて」（1982 年 8 号）、「どうしてテレビ画面で喫煙シーンばかりを映すのか」（1982 年 8 号）、「子どものことを考えてください」（1983年 2 号）、「子どもがテレビを見るように導くには」（1989年 10 号）など参照。

え方に対応するものが出された。こうした批判的な言説自体が、テレビだけでなく社会生活そのものに属し、より広範な価値と影響力を生み出していることは明らかである。

終わりに

改革開放以降の社会的・文化的変化は、1980 年代のテレビ文化と視聴者の間にかなり特殊な関係を構築させることになった。まず、国民はテレビに魅了されており、日々の余暇を満たすために不可欠な要素として、優雅なテレビ内容も、低俗なテレビ内容も、国民は楽しんでいた。しかし、テレビという文化に対する要求も高く、上品なテイストからの「逸脱」は、視聴者（特に文化人エリート）から厳しい批判を受けることになる。こうした状況は、この時代の独特なテレビ文化に貢献し、独特なテレビ世代を形成した。そして、人々は「テレビのあるべき姿」を重視し、思想や文明の面でテレビにより多くの意味をると同時にテレビを理解し、吟味したのである。次に、「視聴者のあり方」にはこだわらないものの、文化的実践の過程にも十分に触発され、80 年代のテレビに込められた近代化の感覚を無視することはできないという認識に至った。それは、1980 年代の「文化電視」は、中国のテレビ史の中でも特異な瞬間でもあった。また、中国のテレビ業界が参入した 1990 年代には真似のできない発展の瞬間でもあったのだ。

本稿の検討から 1980 年代の中国のテレビ文化は、いくつかの一般的なパターンを示していることがわかった。

まず一つ目に、一般市民の日常生活の中では、テレビ文化の「上品」と「下品」の境界線はそれほど明確ではなかったし、テレビ文化の質に対する批判のほとんどは、当時まだテレビに理想的な期待を持っていた知識人やエリートの一部に集中していたことだ。1980 年代には、「文化テレビ」のエリート性や啓蒙性を際立たせる名作が数多く登場することで、中国のテレビにおける優雅さの追求を提示し、視聴者をそれに浸らせたが、その一方で、香港や台湾の人気ドラマや海外ドラマを楽しむことも避けては通れない道であった。また、1980年代版の『西遊記』や『紅楼夢』にしても、『西遊記」の場合は「当初の30話をカットせざるを得なくなり、次のシーンを撮るためにお金を借りた。全25話でようやく撮影完了した。[1]」というように、世間の風当たりは必ずしも極端に良いとは言えなかった。過去に「低俗」と批判された人気コンテンツが、予想に反してかなりの人気になることもあった。例えば、瓊瑶のドラマは、「本土の視聴者に台湾の社会風景と『資本主義のロマンス』を見せることができた。結局、革命的な愛よりも純粋な愛の方が美しく、感動的であるのだ。」[2]といった評価を受けた。さらに、テレビの恋愛ドラマの流れを作った瓊瑶自身も、「作品が社会的影響を受けるのは深刻な事態だ。」[3]と、テレビ文化の社会的影響を検証することを問題提起した。そしてそれは、大衆文化としてのテレビの下地は、実はエリート言説が支配的であった1980年代にも存在していたことを示したのだ。

二つ目に、1980年代のテレビ文化が、社会の近代化に対する人々の予測や想像の実現を望むことに重点が置かれていたことである。そしてそれは、直接的な社会的リスクをもたらしたという証拠はなく、批判的な声の多くは、テレビ文化の日常生活における役割を監視するという意識を反映し、たとえテレビ業界のレベルでそのビジョンが直接実現できないとしても、常にポジティブな考えを提供した。この段階では、視聴者はテレビに対して高い期待を持っているため、テレビ文化に対してもより厳しい期待を持

[1] 陳艶涛「楊潔十年不看<西游記>(楊潔は10年間<西遊記>を見なかった)」、新浪新聞(新週刊特 集)、以下から検索
http://news.sina.com.cn/c/cul/2006-07-21/181910498505.shtml。

[2] 張峰「大陸電視界的“瓊瑶片”(本土テレビにおける『瓊瑤映画』)」『大衆電視』第7号、1988年。

[3] 瓊瑶、趙世民、高博燕「北京・瓊瑶答問(北京－瓊瑶が質問に答える)」『大衆電視』第7号、1988年。

っている。 特に、テレビが子供に悪い影響を与える否定的な批判が多かった。 例えば、視聴者からの次のような手紙がある。

女の子は「おかっぱ」、ピアス、指輪、ポップス、腰振り、男の子は両手両足が宙に浮き、迷拳、鉄槌、結果、子供は苦しみ、親は不愉快、男の子と女の子が抱き合い、社交ダンスやスイングダンスの真似をして抱き合い、キスをしているのである。ある男の子に、どうしてこんなことをするのか聞いてみた。彼曰く、「楽しいよ。それに、テレビに出てくるおじさんやおばさんが楽しそうにそれをしているじゃないか[1]。」

三つ目に、テレビ文化の社会的機能について、1980年代には多くの議論があったことだ。しかし、社会の言論は分裂し、結論にまでは至らなかったが、中国のテレビがこの時期に多くの驚きを生み出したのは、ある意味での「議論」があったからでもある。例えば、1986年のテレビシリーズ『新星』は、社会的な議論を巻き起こした。「改革初期の社会心理を反映したもので、ドラマとは言えなく、生活そのものじゃないか」という声がある一方で、ドラマの主人公である李向南を1980年代の中国の改革者の模範として賞賛し、あらゆる問題を解決してくれる「清廉幹部」が身近にいることを期待する声もあった[2]。テレビという文化と視聴者、社会生活との関係はどうなっているのかというような、上記に挙げた矛盾した議論は、おそらく1980年代のテレビの実践においてあまり明確な脈絡を示さなかったが、むしろ様々な議論の中で多くの貴重な考察を導き出し、その後の中国のテレビ産業の発展に大きな影響を与え、助けてきたことは間違いないだろう。

テレビが家庭用メディアとして完全に成立するのは1990年代以降でそのころには、テレビも強力な主流メディアになっていた。しかし、ちょうど成熟に向けて発展する前夜に8年代の社会的土壌の中で構築されたテレ

---

[1] 視聴者からの手紙の編集：CCTV『電視週報』第18号、1985年。

[2] 洪民生「電視文化思考（テレビ文化に関する考察）」『電視研究』第2号、1990年。

ビ文化と視聴者の関係、テレビと生活の関係そのものが、あの小さな蛍光スクリーンに埋め込まれた集合的記憶なのだ。したがって、80年代のテレビ文化への回帰は、解明され解釈されるべき重要なものであり、常に注目されるべきものである。

「親可社（しんかしゃ）」名前の由来

秋になると必ず耳にする「読書の秋」という言葉。実は「親可社」はこの「読書の秋」に因んで名付けられました。いつの時代から、また、どのような理由で「読書の秋」と言われるようになったのでしょうか。その答えのヒントは、日本ではなく中国にありました。

唐代の詩人として高名な韓愈（かんゆ）による漢詩「符読書城南」のなかでは、学問の大切さを伝えています。その中に以下のような一節が登場します。

「時秋積雨霽、新涼入郊墟。燈火稍可親、簡編可巻舒。」

「秋になり長雨があがって空も晴れ、涼しさが丘陵にも及んでいる。ようやく夜の灯に親しみ、書物を広げられる」という意味です。このように、昔の人も、暑い夏が終わってゆっくり読書できる秋を心待ちにしていたことが分かります。

「親可社」はこの「燈火稍く親しむ可く（とうかしたしむべし）」の節のなかの二文字を取り、学問への熱意を大切にしようとする理念から名づけられました。

1980年代の中国テレビ文化に関する研究

2023年 9月15日　初版発行

著　者　何天平　　翻訳　林涛　梁新娟
発行元　親可社
〒488-0073 愛知県尾張旭市新居町上の田 53-1
TEL 0561-58-8376　FAX 0561-59-2747
発売元　株式会社 三恵社
〒462-0056 愛知県名古屋市北区中丸町 2-24-1
TEL 052-915-5211　FAX 052-915-5019
URL https://www.sankeisha.com

ISBN 978-4-86693-840-0 C3039　　文字数 10.5万